半导体及后摩尔新材料太赫兹发射光谱

吴晓君　著

Semiconductor and Post-Moore New Materials
Terahertz Emission Spectroscopy

人民邮电出版社
北　京

图书在版编目（CIP）数据

半导体及后摩尔新材料太赫兹发射光谱 / 吴晓君著.
北京 ： 人民邮电出版社，2025. -- ISBN 978-7-115
-67584-2

Ⅰ. O441.4

中国国家版本馆 CIP 数据核字第 2025Z5G467 号

内 容 提 要

本书聚焦半导体材料和后摩尔新材料的太赫兹（THz）发射光谱技术，介绍 THz 发射光谱技术的原理、发展进程以及系统应用，展示 THz 发射光谱技术应用于集成电路领域的巨大价值，旨在为实现集成电路先进制程提供技术支撑和解决问题的思路。

本书主要内容包括半导体 THz 发射光谱起源、光学 THz 发射光谱物理基础、光学 THz 辐射实验技术、Ⅲ-Ⅴ族半导体驱动 THz 辐射、二维材料 THz 辐射、拓扑量子材料 THz 辐射、磁性材料 THz 辐射和激光 THz 发射显微镜。

本书主要面向物理学、化学、材料科学等领域的科研人员、研究生，以及对 THz 技术感兴趣的读者。

◆ 著　　　　吴晓君
　　责任编辑　郭　家
　　责任印制　马振武

◆ 人民邮电出版社出版发行　　北京市丰台区成寿寺路 11 号
　　邮编　100164　　电子邮件　315@ptpress.com.cn
　　网址　https://www.ptpress.com.cn
　　涿州市般润文化传播有限公司印刷

◆ 开本：700×1000　1/16
　　印张：11.25　　　　　　　　2025 年 8 月第 1 版
　　字数：233 千字　　　　　　2025 年 8 月河北第 1 次印刷

定价：99.80 元

读者服务热线：(010)81055410　印装质量热线：(010)81055316
反盗版热线：(010)81055315

前　言

集成电路的发展亟须开发新材料、新结构、新器件、新工艺、新技术。THz 发射光谱技术是通过光学激发新材料、新结构、新器件，以产生高频交变电流进而辐射电磁波，再通过检测辐射的电磁波，进而反推材料高频响应和器件性能的一种全新的无接触光谱技术，已在半导体材料以及后摩尔新材料中实现了重要应用，有望发展成为芯片在线无损检测的新方法。

THz 发射光谱技术是我在大三开始接触的一门实验技术。那时，我使用中山大学激光与光谱学研究所二楼的一台钛宝石激光放大器搭建 THz 波产生和探测光路系统，光电调制器采用的是 ZnTe 晶体。由于缺乏实践经验，外加对泵浦-探测技术理解不深，在光路系统搭建初期，我总是找不到 THz 信号。后来，我让泵浦光和探测光以斜入射的方式注入 ZnTe 晶体中，很快就探测到了看起来非常像 THz 波形的信号，并在《半导体学报》上发表了论文，这使我受到了极大的鼓舞。

但是，THz 波并没有发射出来！怎么能够说明这就是 THz 发射光谱呢？加上 THz 波看不见、摸不着，且搭建光路系统的过程对实验技能要求很高，我遇到了进入 THz 发射光谱研究领域的门槛。虽然后来在读博期间，我已经能够非常轻松地在 ZnTe 样品和光电导天线中生成可以在自由空间传播的 THz 波，并能单独用另外一块 ZnTe 样品或光电导天线探测到传播了一段距离的 THz 波，也能用这样的光路系统做一些光谱表征的实验，但是"让 THz 波看得见"这个目标始终萦绕在我心头，挥之不去。

直到后来，我到德国从事博士后的研究，在 Franz X. Kaertner 教授的指导下，开始研究铌酸锂 THz 强源及其在电子加速中的应用，才真正实现了"让 THz 波聚焦后能够用液晶片看得到"的目标。这件事情给了我极大的鼓舞。如今，对于通过铌酸锂产生的强场 THz 波，不仅可以用 THz 相机对光斑进行成像，还可以用液晶片非常容易地看见，THz 发射光谱技术成为制备 THz 强源和推动应用的关键。如今，我回顾相关研究，对 THz 发射光谱技术有了更加深刻的认识和理解。

THz 发射光谱伴随 THz 科学与技术的诞生而出现，经过数十年的发展，已经成为研究体材料和纳米界面体系中的物理性质超快演化、准粒子分布、序参量等性质的一个强大的工具。通过分析超快激光诱导的 THz 发射光谱，可以获得被研究体系的非线性极化、非平衡磁结构，以及各种瞬态自由电荷电流的相对贡献等信息，而这些信息与光诱导下的对称性破缺密切相关。因此，THz 发射光谱可以被直接当成研究时间或空间对称性破缺以及决定体系非线性响应的张量元的点群对称性破缺的最直接的工具之一。

如今，我的团队一边在利用 THz 发射光谱技术研究实现更强 THz 波输出的办法，一边又反过来采用脉冲宽度更窄的飞秒激光和信噪比更高的系统研究新材料和新结构。这样的探索和研究过程，让我明白 THz 发射光谱技术本身是一个非常强大的工具，它所用到的设备一定能够像拉曼光谱仪、傅里叶变换红外光谱仪等已经商业化的仪器一样，走进实验室，成为商用仪器，从而服务各行各业。

为此，本书旨在通过梳理 THz 发射光谱技术发展历程，让读者有机会一边品读 20 世纪末期 THz 技术诞生之初的美好，一边了解它与半导体技术和新材料携手同行的故事，从而更好地思考这项技术的未来，思考如何让此技术更好地服务于集成电路、量子信息、材料工程等领域，绽放出它与众不同的独特魅力。本书共 8 章，第 1 章聚焦半导体 THz 发射光谱起源；第 2 章系统阐述光学 THz 发射光谱物理基础；第 3~8 章讲解光学 THz 发射光谱技术，内容涵盖第一代半导体材料的 THz 发射光谱，第二代半导体材料和二维材料、拓扑量子材料、磁性材料的 THz 发射光谱，以及激光 THz 发射显微镜，等等。

为方便读者阅读本书，特此说明：图中的纵坐标所代表的物理量为电场或信号时，通常指电场强度或信号强度。

本书对 THz 发射光谱近半个世纪以来的技术发展历程进行提炼。期待通过阅读本书，刚进入 THz 科学与技术研究领域的从业人员以及相关专业的研究生能对这个方向有一定的认识和了解。非常感谢我的团队成员在本书撰写过程中所提供的帮助，感谢李培炎、代明聪、杨泽浩、黄滋宇、张铭暄、杜琳、张子建、才家华、孔德胤、李江皓等。由于本人水平和时间有限，书中难免存在不足之处，殷切希望广大读者批评指正。

吴晓君

目　　录

第 1 章　半导体 THz 发射光谱起源

1.1　引言

自第一个 THz 波产生至今，人们对 THz 波的研究探索已经持续了半个多世纪。THz 频段是电磁频谱上最后一个未被完全开发和利用的频段，THz 波一直备受关注，它的长波方向涉及电子学领域，短波方向涉及光学领域，这种电子学与光学的交叉性，使得人们在解决 THz 相关问题时，不能简单地只从电子学或者光学的角度分析，必须同时兼顾两者，这极大地增加了 THz 技术探索的复杂性。

THz 技术的研究和应用涵盖了众多领域，包括但不限于生物医学、材料科学、通信等领域。在生物医学领域，THz 波的穿透力和非破坏性使其成为研究生物分子结构和生物组织成像的重要工具，为癌症诊断、皮肤疾病检测等提供了新的方法和手段。在材料科学领域，THz 波具有对物质结构和动态过程敏感的特性，被广泛应用于表征和研究材料的性质与行为。在通信领域，由于 THz 频段具有高带宽特性，被认为是解决高速数据传输问题和突破无线通信瓶颈的潜在方案。除了在科学研究领域的应用，THz 技术在国防安全、食品检测、文物保护等领域也有重要的应用价值。然而，尽管 THz 技术在各个领域显示出了巨大的潜力，但其应用还是受到了光源的限制。因此，研究人员不断致力于研究更强、更稳定的 THz 源，并提高其各项性能指标，以满足不同领域对 THz 波的需求。

目前，THz 波的产生主要通过电子学方法、基于激光光学技术和超快飞秒激光泵浦技术的方法等实现。电子学方法借鉴了毫米波的产生方式，利用变化的电场或磁场控制电子束的运动，使其在亚皮秒时间尺度内发生改变，从而产生 THz

波。该过程以产生位于低频段内的连续波为主，整个过程的 THz 转化效率高、平均功率较大、频谱较窄，利用的是倍频管、耿氏二极管等微波元器件。这种从低频向高频迈进的方法具有器件体积小、易集成等优点，但当频率超过 1 THz 时会遇到电子器件瓶颈，从而使 THz 转化效率大幅降低。基于激光光学技术的方法则通过气体激光器、量子级联激光器等 THz 激光器使波从高频段变频到 THz 频段，为 THz 波提供了另一种重要的产生途径。然而，这种方法的设备通常体积庞大或需要低温冷却。而基于超快飞秒激光泵浦技术的方法，主要是利用超快飞秒激光激发下材料的超快响应，产生的 THz 波多为单脉冲形式，为 THz 波向低频和高频发展，以产生更大功率、更大带宽、更稳定的 THz 波提供了新的思路和方法。

无论采用哪种方法，THz 波的产生都在宏观上依赖于材料的性质与结构，而在微观上依赖于材料的导电性、晶格参数等物理量。其中，半导体材料发挥着重要作用。半导体材料具有介于导体和绝缘体之间的导电性，且其导电性可通过控制加入的杂质或温度等方式进行调控。典型的半导体材料，如 Si、GaAs 等，是现代电子学和光电子学研究的重要基础材料。近年来，半导体材料的研究与开发取得了长足的进步，为 THz 技术的发展提供了有力支撑，将半导体材料与飞秒激光相结合得到的新型器件叫作半导体光电导开关，简称为光电导开关，已被广泛应用于 THz 波的产生、调制和探测等方面，为超快 THz 技术的发展提供了新的契机和动力。

综上所述，THz 波的研究和应用领域广泛，但其技术发展受到 THz 源的限制。因此，寻找更强、更稳定的 THz 源并提高其各项性能指标成为当前 THz 技术研究的重要方向。而这一过程的逆过程也具有巨大的应用潜力，在逆过程中，光谱信息对材料的掺杂、载流子浓度、剩余能量、非线性极化率等物理量非常敏感，从而可以进一步推演出材料的表界面特性，如晶体表面对称性、载流子分布、表面势、表面能带弯曲、表面电场强度等重要信息，从而为 THz 波在生物医学、材料科学、通信等领域的应用带来新的突破和进展。

1.2　GaAs 辐射 THz 波

THz 波领域的探索始于 1971 年，随着皮秒（picosecond，ps）和亚皮秒脉冲激光器的出现，美国加利福尼亚大学伯克利分校的沈元壤教授团队使用脉冲宽度约为 5 ps、脉冲能量约为 20 mJ 的锁模钕玻璃激光器射出皮秒激光脉冲，脉冲经 30 cm（直径）的透镜聚焦泵浦铌酸锂晶片，首次成功生成 THz 波（即文献[1]中所指远红外辐射）。他们研究了不同晶体取向对 THz 波产生的影响，晶体的不同取向分别对应零频率和有限频率的相位匹配。探测时，使用聚酯薄膜分束器将远红外脉冲分为两束，一束用于迈克耳孙干涉仪或法布里-珀罗干涉仪进行光谱分析，另一束用于归一化光谱强度。该工作发表于 *Applied Physics Letters* 期刊。这一突破性工作不仅标志着 THz 波的首次产生实验成功，更为后续半导体 THz 波领域的研究奠定了基础。

1972 年，美国马里兰大学的 Jayaraman 教授和 Lee 教授[2]在通过光电导效应研究 GaAs 单晶中的双光子吸收时发现，当分别利用纳秒（nanosecond，ns）激光脉冲和锁模皮秒激光脉冲触发 GaAs 时，纳秒激光脉冲触发的 GaAs 单晶响应是稳态的，而皮秒激光脉冲触发的 GaAs 单晶响应却是瞬态的，首次揭示了 GaAs 对光触发的响应时间在皮秒量级，使得用皮秒激光脉冲触发研究半导体内的超快弛豫过程和输运成为可能。

1981 年，Mourou 教授（2018 年凭借啁啾脉冲放大技术获诺贝尔物理学奖）等人的工作进一步推动了对光激励下半导体产生 THz 波的研究[3]。Mourou 教授采用皮秒激光脉冲照射外加偏置电压的 GaAs 样品，在微波波导中成功探测到半高宽为 50 ps、皮秒精度与激光脉冲同步的微波脉冲信号，该微波脉冲信号相较于之前的研究频率更高，已经属于 THz 频段，从而正式开启了对 GaAs 体系的 THz 波研究。这项工作被 Mourou 教授总结、概括为发明了一种微波发生器，如图 1.1 所示，通过将半绝缘掺铬 GaAs 置于同轴断开的波导结构中，并通过外加电压驱动，使GaAs 光电导率发生改变，从而启动开关。该开关驱动 X 波段的同轴线进入过渡波导，最终产生射频发射。通过门控技术，实现了微波脉冲与激光脉冲的时间同步，从而实现了对产生的微波脉冲信号的时间分辨测量，为 THz 光电导天线的雏形奠定了基础。

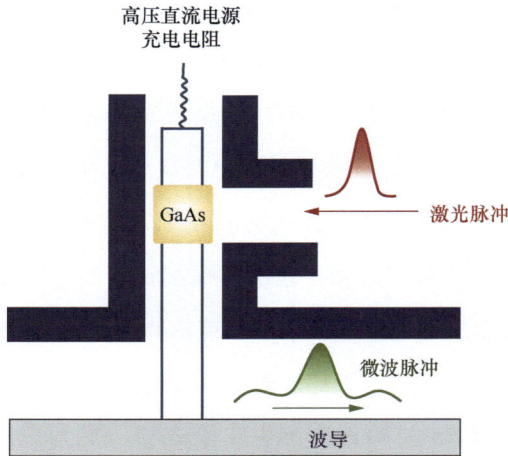

图 1.1　微波发生器示意

2013 年，我们团队分别探讨了 GaAs 的氧化防护以及在不同入射角（0°～50°）下，不同厚度（5～21 nm）的粗糙 Au 薄膜覆盖的 GaAs (100)表面产生的 THz 辐射。具体内容将在第 4 章展开介绍。

1.3　Auston 天线辐射 THz 波

1984 年，Mourou 教授与 Meyer 教授合作报道了一种基于泡克耳斯效应的新型光电采样系统[4]。该系统通过探测亚皮秒激光脉冲与未知电信号的相关性得到电脉冲波形，时间精度小于 4 ps，对应带宽大于 100 GHz，落入 THz 频段，电压灵敏度小于 50 μV。随后他们又对系统进行了改进，使得系统的时间精度小于 1 ps。但是这些设计都面临传输速度慢和信号失真等问题。

为了应对这一挑战，1984 年，美国贝尔实验室的 Auston 教授等人提出了皮秒光电导 THz 偶极子天线的概念[5]。将两个光电导体分别放在厚度为 1.15 mm 的氧化铝两侧形成发射天线和探测天线。如图 1.2 所示，光电导体的活性区域位于铝电极中的一个 10 μm 的间隙中，亚皮秒激光脉冲聚焦于此处。激光脉冲是由被动锁模染料激光器产生的，能量约为 50 pJ，脉冲宽度为 100 fs，重复频率为 100 MHz。在激发光电导体后，泵浦光脉冲与探测光脉冲可通过延迟线以控制相对距离，满足相干测量要求。在激发光电导体的电极上施加 45 V 的偏置电压，接收光电导体与一个低频放大器直接相连。当移动延迟线扫描时，低频放大器测量平均电流。两个光电导体的作用是向偶极子提供直流偏置电压和信号连接。

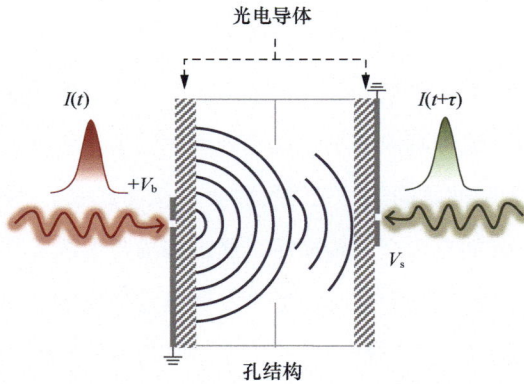

图 1.2　皮秒光电导 THz 偶极子天线示意

实验结果显示，光电导材料的瞬态响应非常快，响应的半峰全宽为 2.3 ps，远远优于传统电子自相关电路的响应速度。此外，研究人员还观察到了由电极横向共振产生的两个较小的二次脉冲，他们认为这不是由往返周期为 23 ps 的偶极子之间的多次反射引起的，可通过抑制激光反射和采用不对称几何结构来抑制这一脉冲的产生。该工作展示了 GaAs 材料及其光电导天线在超快电磁脉冲产生、传输和探测等方面的巨大潜力，这种方法避免了传输线结构的限制，得益于相干测量手段和开放的几何结构，该方法非常适用于材料的瞬变电磁测量，也为日后光电导天线 THz 发射器的发展奠定了基础。

1.4　半导体 THz 波探测

THz 波产生之后，寻找稳定、有效的探测方法就成为首要任务。在 THz 发射光谱发展的整个历程中，人们研究出了一系列的探测方法。最先使用光电导天线，主要制作材料是低温生长的 GaAs 和 Si-GaAs。1989 年，Grischkowsky 教授等人首次利用半导体光电导天线在同一系统中实现了对 THz 波的发射与探测[6]。他们采用了一种新型的电偶极子天线结构，如图 1.3 所示。该天线结构设计的独特之处在于，将探测到的光电流引入天线臂中，与传统的末端偶极子天线相比，该天线的探测性能得到了显著提升，主要体现在将 5 μm 间隙中的总光电流注入 30 μm 的天线中。具体来说，该实验使用了两种不同的天线结构来探测产生的 THz 波，发射器与探测器相隔 80 cm。探测过程中，天线受到平行入射的 THz 电场的驱动，在天线间隙产生随时间变化的电压。这种感应电压驱动了光生载流子，将探测光脉冲产生的电荷流与 THz 波和探测光脉冲之间的时延进行收集，从而获取了 THz 波的时域波形信号。THz 波经过 80 cm 的自由空间传播后，通过扫描延迟线进行探测。产生的 THz 波在进入探测器前经过准直与聚焦，以提升发射器与探测器之间的耦合度，从而为高灵敏度的 THz 波探测奠定了基础。这一工作的成功不仅为后来的 THz 时域光谱系统的建立奠定了基础，该天线结构也成为目前常用的 THz 时域光谱仪的原型之一。

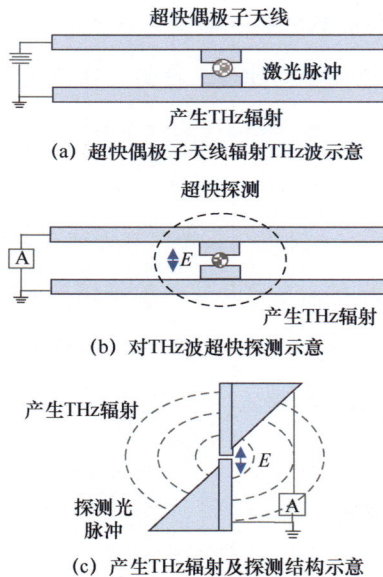

(a) 超快偶极子天线辐射THz波示意

(b) 对THz波超快探测示意

(c) 产生THz辐射及探测结构示意

图 1.3　光电导电偶极子天线结构

在利用光电导天线实现了 THz 波的产生和探测之后，1995 年，当时在美国伦斯勒理工学院任教的张希成教授团队提出采用非线性晶体[7]，通过线性电光效应实现对 THz 电场相干检测的电光取样（Electro-Optic Sampling，EOS）技术。

线性电光效应又称泡克耳斯效应，由德国物理学家 Pockels 于 1893 年发现，是一种电光晶体的折射系数随外加电场成比例改变的现象。泡克耳斯效应的基本原理是电场对材料折射率的线性调控。在使用线性电光效应探测 THz 波时，因为探测光的频率（$10^{14} \sim 10^{15}$ Hz）比 THz 波频率（10^{12} Hz）高 2～3 个数量级，所以相对于探测光，THz 电场可看作低频电场。当同时施加 THz 电场和激光探测脉冲时，它们可调制晶体的双折射，进而引起探测光的偏振椭圆度发生改变，然后对探测光的椭圆度进行偏振分析，从而获得 THz 电场的振幅和相位信息。该工作是传统电光取样技术的延伸，不需要电极接触或者在探测晶体上布线，属于一种光学技术。

图 1.4 简要绘制了自由空间电光取样装置。由钛宝石飞秒激光器提供脉冲宽度为 150 fs、重复频率为 76 MHz 的飞秒激光脉冲。THz 波由激光激发 GaAs 光电导天线发射器所产生，随后照射在电光探测晶体上。另一束探测光通过聚焦与 THz 波同步到达电光探测晶体，晶体折射率的变化将改变激光探测脉冲的偏振态。若使探测光脉冲和激发光脉冲之间的相位差在合适的范围内，则可测量在晶体中发生变化的探测光并通过显示装置显示，即可实时观测脉冲电场的波形。

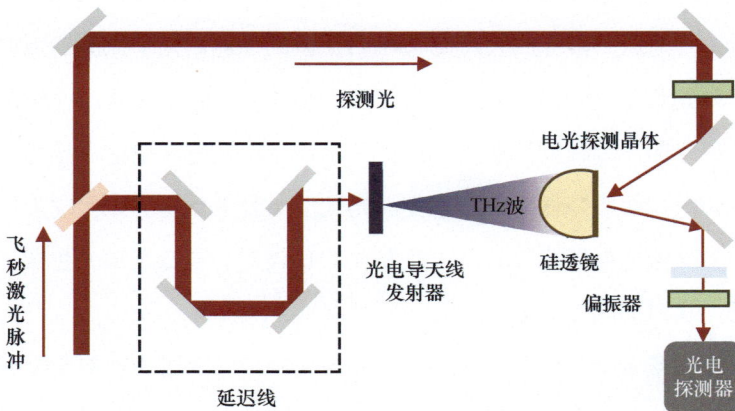

图 1.4　自由空间电光取样装置

为了将电场诱导的椭圆度调制转换成强度调制，使用了一个补偿器和偏振器来分析探测光，并由光电探测器进行检测。选择 500 μm 厚的钽酸锂晶体作为电光探测晶体，晶体的面外轴与入射电场的偏振平行，晶体与发射器相隔 10 cm。实验结果显示，第一个脉冲峰的上升时间为 740 fs。主峰后的次峰由电脉冲在光电导天线发射器和 THz 波在电光探测晶体中的多次反射引起。该工作揭示了利用自由空间电光取样技术获得 THz 时域波形的可能性，突破了光生载流子寿命的限制，时间响应只与所用的电光探测晶体的非线性性质有关，所以可实现更短的响应时间、较大的探测带宽、优越的探测灵敏度和信噪比，已经逐渐发展成为目前高精度探测 THz 波的主要方法。

以上方法均属于相干探测，能够同时获取信号的振幅和相位信息，提供较高的频谱分辨率。相较之下，非相干探测仅能对 THz 波的振幅进行测量，无法获取信号的相位信息。虽然非相干探测器的灵敏度不及相干探测器高，但其优势在于可探测的频段更宽，不受混频器等元件的技术限制。

非相干探测器根据工作原理不同可分为热探测器和光子探测器。热探测器的本质就是将吸收的 THz 波转换为探测元件物理量的变化，如热释电探测器，它的出现时间很早，结构也相对比较简单。当 THz 波到达探测器时，具有热释电效应的晶体的电阻会发生变化，从而反映 THz 波的强度大小。光子探测器则是通过接收 THz 波能量，改变探测器内原子或分子的内部电子状态，将光电效应转变为可测量的电信号，再把这个信号放大，实现对 THz 波的探测。光子探测器主要分为光电导型探测器和光伏型探测器。光电导型探测主要基于单光子探测，由于热量的传递速度小于电信号的传输速度，所以与热探测器相比，光电导型探测器响应较快，但是其暗电流较大，从而降低了探测精度。光伏型探测主要基于光伏效应，光伏型探测器也称为势垒型光电探测器。当器件吸收 THz 波时，会激发出光生载流子，并注入势垒附近，从而形成光生电流。

非相干探测器根据工作温度不同又可分为制冷型探测器和非制冷型探测器。非制冷型探测器，如戈莱盒、热释电探测器和热辐射计，在室温下工作，具有适中的灵敏度，但探测的频谱较宽。低温工作的制冷型探测器，如非本征 Ge 光电探测器和量子阱探测器，相比之下具有更高的灵敏度和更快的响应速度，但是制冷所需的成本较高且器件体积较大，不利于集成和紧凑设计。

1.5　THz 发射光谱

早在 1990 年，张希成教授团队就提出可以将 THz 发射光谱技术作为一种表界面测量方法，并用于研究磷化铟（InP）中的载流子迁移率以及半导体表面静态内部场的强度和极性[8]。泵浦光来自平衡碰撞脉冲锁模染料激光器，激光器具有 0.2 nJ 的脉冲输出能量，重复频率为 100 MHz，中心波长为 620 nm，脉冲宽度为 70 fs。激光按照 3∶7 的能量比例被分为一束泵浦光和一束探测光，其中用于光学激励的泵浦光由斩波器以 2 kHz 的频率进行调制。THz 波的探测采用一个装有蓝宝石透镜的偶极子天线，该天线之前曾被用于表征电光切连科夫辐射。

半导体 InP 中的光生载流子在临近空气与半导体界面处的能带分布如图 1.5 所示，InP 表面态接近导带边缘。由于费米能级"钉扎"在界面处，导带和价带都向下弯曲，并在界面附近形成耗尽层。当超快激光脉冲以大于带隙的光子能量照射裸露的半导体表面

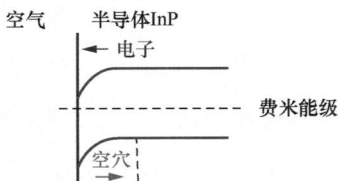

图 1.5　半导体 InP 的能带分布

时，InP 吸收光子能量从而形成电子-空穴对。内置的静电场将两种载流子驱动到相反的方向，其中，电子被驱动到表面，空穴被驱动到材料内部。自由载流子在耗尽层中分离产生光电流，导致电荷在材料表面和内部积累，形成偶极层。光电流的上升时间就是激光脉冲持续时间，而衰减时间是自由载流子穿过耗尽层的渡越时间（假设载流子寿命比载流子渡越时间长）。耗尽层中瞬态电流辐射的电磁波恰好位于 THz 频段，THz 波由此产生。预估辐射带宽将超过 1 THz，这与半导体的自由载流子寿命无关，但却受到偶极子天线探测带宽的限制，最高只能达到 600 GHz。值得注意的是，THz 波沿向内和向外的传播是有限的且满足广义菲涅耳定律。

反射和透射的 THz 波的辐射特点可以总结为：（1）反射及透射的 THz 波必须是横磁波（Transverse Magnetic wave，TM wave），并且它们具有相反的 THz 电场极

性；（2）向外辐射的 THz 电场与反射的光束共线；（3）当激光入射角与法线方向交叉时，辐射场会发生符号（方向）变化，场强在激光正入射时降至零，并在布儒斯特角处达到最大值；（4）辐射场与光功率、载流子迁移率以及内建场与光载流子浓度的积分成正比；（5）透射的光电流的流动方向垂直于表面，将探测角度旋转 75°时可以测到最大的 THz 电场振幅，这符合 InP 的能带分布规律。

总结一下，可以发现，透射及反射的 THz 波反映了耗尽层的静态场的方向，因此可以根据辐射场的极性来确定半导体掺杂类型。实验还测量了 N 型和 P 型 GaAs 样品的辐射场，证明它们的确具有相反的 THz 电场极性。此外，实验还研究了辐射场的振幅与不同 GaAs 掺杂浓度的依赖关系。THz 辐射场强先是在 10^{16} cm^{-3} 的掺杂浓度量级处达到峰值，再随着掺杂浓度的增加而降低。具有高掺杂浓度的半导体样品还具有高的微波吸收率。

显然，半导体中的瞬态光电流是产生 THz 波的物理机制。而为了产生自由载流子并形成光电流，半导体的带隙必须小于入射光子能量（由于光功率低可以忽略多光子吸收），半导体的表面必须形成耗尽层。张希成教授还从III-V族、II-VI族和IV族半导体中选择了大量样品作为辐射源。对于大于激光光子能量（2 eV）的材料带隙，没有产生预期的辐射过程，并且已经通过 ZnSe（带隙 2.4 eV）和 GaP（带隙 2.2 eV）进行了验证。但是，实验实现了 InP、GaAs、GaSb、InSb、CdTe、CdSe 以及 Ge 等材料的电磁辐射，这些样品的带隙皆小于入射光子能量。

值得注意的是，没有从 Si 样品中获得 THz 辐射，因为 Si 具有大直接带隙（＞2 eV）。在 620 nm 的光学波长下，Si 的吸收长度大约是 InP 和 GaAs 的 10 倍，这导致 Si 的耗尽层中很少有载流子对辐射有贡献。而在这些样品中，半绝缘的 InP 显示出最强辐射，并且(100)取向的 InP 的辐射强度是(111)取向的 InP 的辐射强度的 2.5 倍。此外还发现，不同的半导体表现出不同的辐射波形。例如，在相同的实验条件下，InP 的波形接近双极，GaAs 的波形接近单极。

该工作标志 THz 发射光谱可作为一种强有力的表征手段，对于材料表征、THz 光谱学都具有重要的意义。但是值得注意的是，大多数材料产生 THz 辐射的物理过程都不止一种，并且在不同温度、偏振态、材料厚度、入射角度泵浦下都可能引起新的物理效应。而 THz 发射光谱以亚皮秒的分辨率对非平衡态物理过程进行无接触式表征，应用前景十分广阔。

1.6　本章小结

自 1971 年产生了世界上第一个 THz 波以来，对 THz 波的研究已经取得了显著进展。通过不断研究 THz 波的产生与探测技术，研究者们逐渐揭示了 THz 辐射的性质与特性，为 THz 科学和技术的发展开辟了新的方向。在 THz 波产生方面，早期的工作主要依赖于锁模钕玻璃激光器等光学激励源，随后发展出了利用激光脉冲照射半导体材料等新技术。而微波发生器的发明进一步提高了 THz 波的产生效率和性能。在 THz 波的探测方面，最初采用的是迈克耳孙干涉仪和法布里-珀罗干涉仪等传统方法，随后引入了光电导天线等新型探测器件，实现了对 THz 波的高灵敏度探测。这些探测技术的不断进步为 THz 时域光谱学、THz 成像等领域的研究提供了重要支持。

参考文献

[1]　YANG K H, RICHARDS P L, SHEN Y R. Generation of far-infrared radiation by picosecond light pulses in LiNbO$_3$[J]. Applied Physics Letters, 1971, 19(9): 320-323.

[2]　JAYARAMAN S, LEE C H. Observation of two-photon conductivity in GaAs with nanosecond and picosecond light pulses[J]. Applied Physics Letters, 1972, 20(10): 392-395.

[3]　MOUROU G, STANCAMPIANO C V, BLUMENTHAL D. Picosecond microwave pulse generation[J]. Applied Physics Letters, 1981, 38(6): 470-472.

[4]　MOUROU G A, MEYER K E. Subpicosecond electro-optic sampling using coplanar strip transmission lines[J]. Applied Physics Letters, 1984, 45(5): 492-494.

[5] AUSTON D H, CHEUNG K P, SMITH P R. Picosecond photoconducting Hertzian dipoles[J]. Applied Physics Letters, 1984, 45(3): 284-286.

[6] VAN EXTER M, FATTINGER C, GRISCHKOWSKY D. High-brightness terahertz beams characterized with an ultrafast detector[J]. Applied Physics Letters, 1989, 55(4): 337-339.

[7] WU Q, ZHANG X C. Free-space electro-optic sampling of terahertz beams[J]. Applied Physics Letters, 1995, 67(24): 3523-3525.

[8] ZHANG X C, HU B B, DARROW J T, et al. Generation of femtosecond electromagnetic pulses from semiconductor surfaces[J]. Applied Physics Letters, 1990, 56(11): 1011-1013.

第 2 章　光学 THz 发射光谱物理基础

2.1　引言

与应用相对广泛的二次谐波产生光谱相比，THz 发射光谱提供了一种可以互补的"读取"物质点群的新方法。作为二阶非线性过程，这两种方法都对电子态的局域对称性破缺具有高度的敏感性。对称性破缺可以自发地出现在连续相变中，例如铁电相变中的电极化，或者通过施加外电场或电流脉冲的方式导致对称性破缺。然而，与二次谐波产生不同的是，THz 发射光谱对手征对称性更加敏感，而且更适合研究超快动力学行为，尤其是激光脉冲与物质相互作用后，通过产生超快光电流进而辐射 THz 波的物理过程。这个过程可以在飞秒或皮秒时间尺度内，提供能量和动量流动的动力学行为，改变序参量和准粒子相互作用，同时还能揭示非平衡电子结构的瞬态物性。通过 THz 辐射可以无接触地反映这些动力学行为的微观过程，再通过电光取样、光电导天线、THz 电场诱导的二次谐波产生、THz 磁场诱导的塞曼扭矩效应等具有超快时间分辨的相干探测方法，非常直观地获得被研究对象的超快动力学行为[1]。

2.2　飞秒激光泵浦 THz 发射光谱物理基础

光学泵浦的 THz 发射光谱为研究超快光电流和其他不能被静态 THz 时域光谱（THz Time-Domain Spectroscopy，THz-TDS）技术、光学泵浦-THz 探测（Optical Pump-THz Probe，OPTP）技术、二维相干 THz 光谱（Two-Dimensional Coherent THz Spectroscopy，2D-CTS）技术所能触及的动力学行为提供了不可替代的信息[2]。其

中，静态 THz-TDS 提供研究对象在 THz 频段下的复折射率、复介电常数、复电导率；OPTP 提供研究体系在超快激光激发下的非平衡态的瞬态复电导率及其时间演化动力学行为；2D-CTS 用于观察声子和磁子等准粒子的布居数、耦合、相干性等动力学过程。许多 THz 辐射方面的研究极大地推动了高性能、超宽带 THz 源的发展及其在光谱学方面的应用[3]，而 THz 发射光谱技术本身又是一种研究超快光物理过程的与众不同且功能强大的新方法。

若要采用 THz 发射光谱观察和研究材料的超快动力学行为，首先需要有飞秒激光照射到被研究的材料或结构上且发生相互作用，然后才有可能通过二阶非线性极化、超快传导电流或者超快退磁等过程产生 THz 波[4]。实际上，对于飞秒激光与物质相互作用产生 THz 波的物理机理，根据物质种类和结构的不同，在同一种材料中也可能包含多种不同的辐射机理，而且它们之间互相竞争，在不同的条件下，占主导的机理可能不尽相同。但是，总体来看，THz 辐射可从偶极子的角度来区分，只包含电偶极子 THz 辐射和磁偶极子 THz 辐射两大类；从电子的束缚形态来看，又可分为束缚电荷 THz 辐射和自由电荷 THz 辐射。因此，考虑到上面两种情况，飞秒激光与物质相互作用产生 THz 波的过程就可以大致分为以下三大类：（1）非线性光学整流；（2）皮秒瞬态电流；（3）超快磁性动力学。

飞秒激光泵浦晶体、液体、空气等离子体在内的多种物质形态，从理论上讲，都可以产生 THz 辐射，如图 2.1 所示。基于宏观场定律，考虑物质极化和磁化，得到基于安培电流模型的麦克斯韦方程组，可表示为

$$\nabla \times \vec{E} = -\frac{\partial}{\partial t}(\mu_0 \vec{H}_a) \tag{2.1}$$

$$\nabla \times \vec{H}_a = \frac{\partial}{\partial t}(\varepsilon_0 \vec{E}) + \vec{j}_p + \vec{j}_f + \vec{j}_a \tag{2.2}$$

$$\nabla \cdot \varepsilon_0 \vec{E} = \rho_f + \rho_p \tag{2.3}$$

$$\nabla \cdot \mu_0 \vec{H}_a = 0 \tag{2.4}$$

$$\nabla \cdot \vec{j} = -\frac{\partial \rho}{\partial t} \tag{2.5}$$

式中，$\vec{E}$ 表示电场矢量，$\vec{H}_a$ 表示磁场矢量，μ_0 表示真空磁导率，ε_0 表示真空介电常数，ρ_f 表示自由电荷量，ρ_p 表示极化电荷量，ρ 表示电荷总量，$\vec{j}_p$ 表示极化电流密度，$\vec{j}_f$ 表示传导电流密度，$\vec{j}_a$ 表示磁化电流密度。总电流密度 $\vec{j}$ 又可以表示为传导电流密度（又可以称为自由电流密度）$\vec{j}_f$ 和束缚电流密度 $\vec{j}_b$ 之和，即

$$\vec{j} = \vec{j}_f + \vec{j}_b = \vec{j}_f + \frac{\partial \vec{P}}{\partial t} + \nabla \times \vec{M} \tag{2.6}$$

传导电流密度包含各种电流的竞争过程，后面会详细分析。束缚电流密度通常包含电极化矢量 $\vec{P}$ 和磁化矢量 $\vec{M}$ 的贡献。因此，式（2.6）实际上包含几乎所有产生 THz 辐射的过程，对应二阶非线性过程中的二阶电极化率 $\vec{\chi}$、二阶电导率 $\vec{\sigma}$ 以及其他张量元。

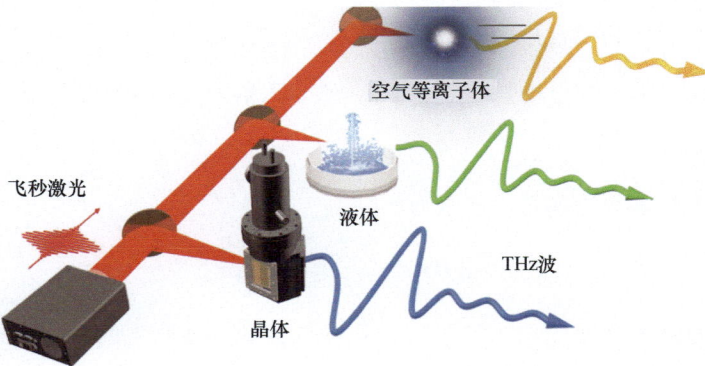

图 2.1　不同物质形态的 THz 辐射过程

2.2.1　极化电流产生 THz 辐射

在产生 THz 辐射的众多机理中，光学整流，或者说脉冲内部的差频过程，是最普遍的基于频率的转换过程。通过光学整流效应，位于近红外或中红外的飞秒激光可以被"整流"到 THz 低频段[5]，如图 2.2 所示。若不考虑传导电流密度和磁化电流密度，当材料能级远大于泵浦光的光子能量时，材料内部的中性束缚原子在外加静电场的作用下发生极化，外加电场将原子内部的电子从一端推到另一端。若外加

电场为交变电场，则电子在交变电场作用下因库仑力而振动。当外加电场不够强时，电子发生类似弹簧振子一样的线性振荡，因此发射的电磁波频率与入射的电磁波频率相同。

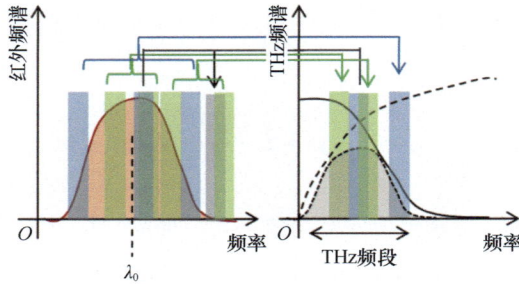

图 2.2 光学整流效应

$\vec{P}$ 是描述介质对电场响应的物理量，它通常是关于电场 $\vec{E}$ 的复杂非线性函数。二阶非线性极化率可以表示为

$$\vec{P}^{(2)}(\Omega) = \varepsilon_0 \chi_{ijk}^{(2)}(\Omega \approx 0; \omega_1; -\omega_2)\vec{E}_j(\omega_1)\vec{E}_k^*(\omega_2) \tag{2.7}$$

式中，$\vec{E}$ 表示入射光的电场强度，ω_1 和 ω_2 表示入射光的不同频率分量，Ω 表示 ω_1 和 ω_2 的差频。

因此，THz 辐射电场可以表示为

$$\vec{E}_{\text{THz}}(t) \propto -\frac{\partial \vec{j}_{b,p}}{\partial t} = \frac{\partial^2 \vec{P}^{(2)}}{\partial t^2} \tag{2.8}$$

其中，$\vec{j}_{b,p}$ 为随时间变化的二阶非线性极化矢量 $\vec{P}^{(2)}(t)$ 产生的瞬态束缚电流密度（虚电流），可以理解为 $\vec{P}^{(2)}(\Omega)$ 的反傅里叶变换。整流后的极化场在时域上随脉冲强度的包络变化，在频域上可以看作脉冲内部各个频率分量之间的差频。对于非中心反演对称半导体，光学整流在大多数情况下是泵浦光光子能量小于材料带隙时的主导机制，例如在 ZnTe、GaAs、GaP、CdS 和 CdSe 等半导体中。对于非中心反演对称半导体，光学整流机制要求泵浦光的群速度和 THz 激光脉冲的相速度之间满足相位匹配关系[6-7]。然而，对于中心反演对称半导体，界面或者表面也存在表面光学整流，也可能发生类似于表面局域二次谐波产生过程的 THz 辐射过程。

2.2.2 传导电流产生 THz 辐射

当泵浦光光子能量大于半导体带隙时，材料内部会产生光生载流子，它们"继承"了飞秒激光脉冲的时间包络，随时间演化会形成自由电流或者传导电流，也会产生 THz 辐射。这个过程中产生的传导电流主要包括两种形式：漂移电流和扩散电流。表面耗尽层的内建电场会加速载流子产生漂移电流；光致丹倍或光热电效应会产生扩散电流。漂移电流对表面氧化和分子吸附非常敏感，而光致丹倍效应是 InAs 反射式 THz 辐射产生的主导机制。

纵向光致丹倍效应的主要机理在于晶体表面被激发的电子比体内对应的空穴的扩散更快，从而在垂直表面方向形成一个瞬态电场，产生传导电流，如图 2.3 所示。面外电偶极子辐射产生的 THz 波的偶极子辐射形状和方向角的分布遵循全内反射规律。为了能够更高效地把 THz 辐射耦合出来，且对辐射的偏振态进行调控，半导体面内的光致丹倍效应也已经被实现。通过在石墨烯表面部分覆盖金属微结构，可观察到面内光致丹倍效应产生的 THz 辐射。通过这样的方式可以获得非对称变化的横向载流子浓度和面内 THz 电流。横向电流的贡献也可以通过外加磁场进行调控，电偶极子在外加磁场的作用下，通过洛伦兹力可以旋转产生 THz 辐射的电偶极子，从而获得椭圆偏振 THz 波。

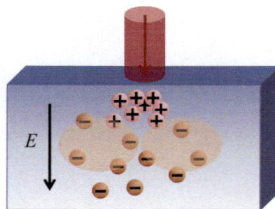

图 2.3　纵向光致丹倍效应示意

另外两种产生传导电流的形式分别是位移电流方式和注入电流方式，统称体光伏效应，是区别于传统 PN 结光伏太阳能转换的新方式，如图 2.4 所示。激光激发前后电荷中心的初态和末态之间由于实空间电荷密度的不同形成相干位移电流。这些电流可以用下面的公式表示。

$$\vec{j}_{\text{shift},i}(\Omega) = \sigma_{ijk}\vec{E}_j(\omega_1)\vec{E}_k^*(\omega_2) \qquad (2.9)$$

$$\frac{\partial \vec{j}_{\text{inj},i}(\Omega)}{\partial t} = \eta_{ijk}\vec{E}_j(\omega_1)\vec{E}_k^*(\omega_2) \qquad (2.10)$$

式中，$\vec{j}_{\text{shift},i}$ 表示位移电流密度，$\vec{j}_{\text{inj},i}$ 表示注入电流密度，σ_{ijk} 和 $\frac{\mathrm{i}\eta_{ijk}}{\omega}$ 为复数电导率张量分量，后者中包含 $\frac{\mathrm{i}}{\omega}$ 因子是由于式（2.10）对时间进行了求导。对于大多数迄今被研究过的系统，$\sigma_{ijk}(0;-\omega;\omega) = \sigma_{ikj}(0;-\omega;\omega)$ 是纯实数，对应线性位移电流，而 $\eta_{ijk}(0;-\omega;\omega) = \eta_{ikj}(0;-\omega;\omega) = -\eta_{ikj}(0;\omega;-\omega) = \eta_{ijk}^*(0;-\omega;\omega)$ 是纯虚数，对应圆注入电流。圆位移电流和线性注入电流在具有时间反演对称性的磁性系统中也存在。因此，虽然位移电流和注入电流目前仅在非中心反演对称介质或中心反演对称介质界面被观察到，但有理论预测，在发生具有光子牵引效应的介质的非垂直激发时，可能不需要满足中心对称性破缺这一基本要求。

非零光子牵引电流甚至可以通过光吸收过程中的动量转移而在中心对称晶体里面出现，光学区域内部单个光子的动量非常小，可以通过更大的光通量诱导的强光束获得可观的电流密度。这个过程可以通过四阶张量 $\vec{T}$ 来描述。

$$\vec{j}_{\text{drag},i}(\Omega) = T_{ijkn}q_n\vec{E}_j(\omega_1)\vec{E}_k^*(\omega_2) \qquad (2.11)$$

式中，$\vec{j}_{\text{drag},i}$ 表示光子牵引电流；T_{ijkn} 为用于描述光子牵引效应响应的四阶张量分量，表征了材料在激光激发下产生光子牵引电流的能力；q_n 表示光子的动量分量。

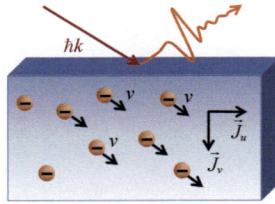

图 2.4　体光伏效应示意

2.2.3　磁偶极子产生 THz 辐射

超快磁化动力学过程也能产生 THz 辐射，主要通过瞬态磁化诱导的束缚电流产生，束缚电流密度由磁化矢量 $\vec{M}$ 的旋度给出，即 $\vec{j}_{\text{b,M}} = \nabla \times \vec{M}$，产生的 THz 电场

$\vec{E}_{\mathrm{THz}}(t) \propto \dfrac{\partial \vec{j}_{\mathrm{b,M}}}{\partial t} = \dfrac{\partial (\nabla \times \vec{M})}{\partial t}$。"束缚"的意思是指自旋极化而非自由电荷运动（例如电流回路），自旋极化来源于巡游电子以及位点定域自旋。然而，束缚磁化电流并不是磁性贡献产生 THz 瞬态电流的唯一来源，因为纯自旋流也可以转化为面内传导电荷流。自旋流转化为电荷流的过程可以发生在磁性材料和非磁材料的界面，通常被称为逆自旋霍尔效应，如图 2.5 所示，或称为逆拉什巴-埃德尔斯坦效应。相关内容将在第 7 章中进行讲解。

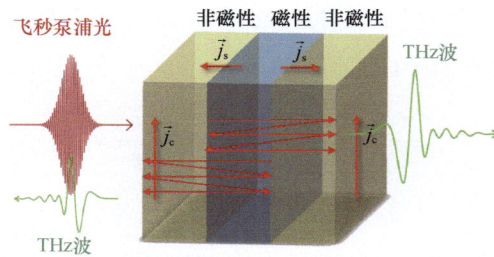

图 2.5　逆自旋霍尔效应

2.3　光学拍频 THz 发射光谱物理基础

除了可以采用飞秒激光泵浦的方式获得 THz 辐射，还可以采用两个连续激光通过拍频的方式产生 THz 连续波。基于连续波的 THz 频谱仪技术诞生于 20 世纪 90 年代，最早由关西先进研究所发明[8]。相关研究人员在低温生长的 GaAs 材料能够产生 THz 辐射的启发下，研制出了基于 THz 连续波的频谱仪。但是在早期仪器中，由于采用了热辐射计来进行探测，无法实现相干测量进而获得相位信息，导致该技术发展相对于脉冲 THz 辐射来说较为缓慢。

1998 年，Verghese 教授使用低温生长的 GaAs 光电导天线（又称混频器），实现了 THz 连续波的相干探测[9]，使得基于低成本的分布式反馈激光器（Distributed Feedback laser，DFB 激光器）泵浦的光电导天线拍频系统的高分辨 THz 频谱仪的基本结构固化了下来，现在已经有德国 Toptica 公司等的商用产品在市面上销售。基于这一系统，不仅可以研究气体的非常窄的吸收峰，而且可以研究具有高 Q 值的 THz 回音壁模式谐振器，还可以被广泛应用于基于微波光子学架构的 THz 无线通信实验。

对于基于光学拍频的 THz 连续波的产生过程，主导机理依然是传导电流辐射，如图 2.6 所示。基于该原理的发射天线与基于飞秒激光泵浦的发射天线结构基本相同，通常由两个电极（同时作为天线臂）组成，电极之间存在一个间隙，间隙下方为被激发的半导体材料。如果泵浦光的波长在 780 nm 附近，那么衬底材料则一般为 GaAs；倘若泵浦光的波长在 1550 nm 左右，那么衬底材料则一般为 InGaAs。整个天线被加工在半导体衬底材料上，材料的另一面通常还会集成一个高阻硅透镜，用于汇聚通过电偶极子产生的 THz 波。

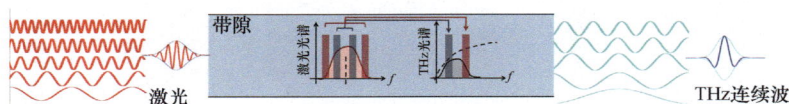

图 2.6　光学拍频 THz 连续波的产生

当外加偏置电压的光电导天线被激光器照射时，光电导天线间隙下方的半导体衬底材料内部会产生大量的光生载流子。光电导天线主要利用载流子浓度在外加偏置电压驱动下随时间的变化来产生 THz 辐射。受载流子浓度变化的影响，一方面间隙处的电导率会下降，另一方面间隙处的电流强度会增大，可以使用德鲁德-洛伦兹模型来模拟光电导天线内部电流在偏置电压和激光作用下的变化。光电导天线受激光激发产生 THz 辐射的时域过程可以用以下公式进行仿真计算。

$$\frac{\mathrm{d}n}{\mathrm{d}t} = -\frac{n}{\tau_\mathrm{c}} + G \tag{2.12}$$

$$\frac{\mathrm{d}v_\mathrm{e,h}}{\mathrm{d}t} = -\frac{v_\mathrm{e,h}}{\tau_\mathrm{s}} + \frac{q_\mathrm{e,h}}{m_\mathrm{e,h}} E \tag{2.13}$$

$$E = E_\mathrm{b} - \frac{P}{\alpha\varepsilon} \tag{2.14}$$

$$\frac{\mathrm{d}P}{\mathrm{d}t} = -\frac{P}{\tau_\mathrm{r}} + J \tag{2.15}$$

$$J = env_\mathrm{h} - env_\mathrm{e}m_\mathrm{e,h} \tag{2.16}$$

式中，n 代表电子密度；G 是与激光有关的载流子产生速度；$v_\mathrm{e,h}$ 是载流子的平均速度，$q_{e,h}$ 是载流子电荷，$m_{e,h}$ 是载流子的有效质量，下标 e 和 h 分别代表电子和空穴；E 代表局部电场强度；E_b 代表外加偏置电压产生的电场强度；P 代表电子和空穴空间分离产生的极化强度；$\varepsilon = 12.95\varepsilon_0$，代表衬底的介电常数；$\alpha$ 是几何因子（各向同性材料取 3）；J 是电子和空穴运动产生的电流；式（2.16）中的 e 代表元电荷量；τ_c、τ_s 和 τ_r 分别代表载流子捕获时间、载流子动量弛豫时间和电子-空穴对复合时间。此外，部分参数满足以下关系：$m_e = 0.067m_0$，$m_h = 0.37m_0$，$G(t) = n_0 e^{-\frac{(t-t_0)^2}{\delta_t^2}}$，其中 m_0 代表电子质量，δ_t 代表激光脉冲宽度，n_0 代表载流子生成密度的峰值。

上述公式适用于激光激发光电导天线和连续激光拍频激发光电导天线的 THz 波产生过程。对于激光激发的情况，在仿真计算过程中可以设置 $t_0 = 1$ ps，代表高斯激光脉冲的峰值位置在 1 ps。式（2.12）描述了载流子浓度在激光激发的情况下随时间变化的过程。式（2.13）描述了两种载流子平均速度在外加偏置电场的作用下随时间变化的过程。若不考虑单个电子激发的先后顺序，以及单个电子的加速过程，这样的方式将极大地简化偏微分方程组的后续数值计算。式（2.14）描述的是受空间电荷屏蔽效应影响的实际电场强度变化。式（2.15）描述的是极化强度随时间变化的过程。式（2.16）描述的是两种载流子电子和空穴产生的电流。此外，根据 2.2.2 节可知，辐射的 THz 电场强度正比于传导电流密度随时间的变化。

如果输入的是一个高斯包络的激光脉冲，模型的参数可以设置为 $\tau_c = 1$ ps，$\tau_s = 30$ fs，$\tau_r = 10$ ps，$\delta_t = 100$ fs，$E_b = 2 \times 10^6$ V/m，使用数值计算的方法可以得到图 2.7 所示的仿真结果。

图 2.7 中的结果与实验室实际得到的 THz 时域波形和对应的频谱之间还存在一定的差距，原因主要有：（1）模型简化了电子的运动过程，忽视了光电导天线结构和材料的影响，材料参数也没能精确确定；（2）探测到的 THz 信号会同时受到发射天线和接收天线的影响，实际探测到的带宽不能与理想情况下的完全一致；（3）在低频段，由于 THz 波的波长较长，很容易发生衍射，使得能量的收集效率变低，所以实际探测到的 THz 信号的低频强度与计算得到的理想值会有较大区别。

(a) THz 时域波形

(b) THz频谱

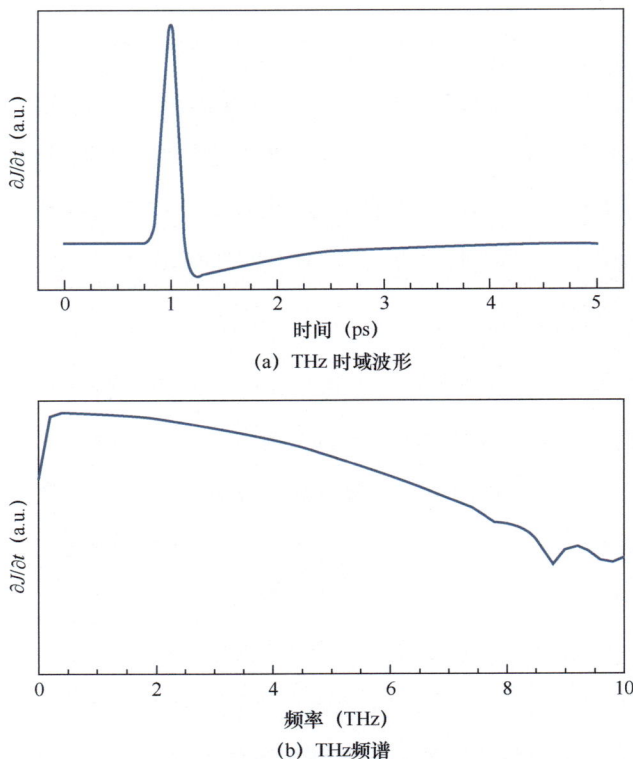

图 2.7　激光激发光电导天线产生 THz 波的仿真结果

在使用连续激光拍频来激发光电导天线时，如果不考虑其他效应，则可以产生单频率连续变化的 THz 波，THz 波的频率等于拍频信号的振幅频率。两个激光器产生的两束不同频率的连续激光，在激光耦合器中混合得到拍频。两束激光信号的形式可以使用式（2.17）表示，拍频信号可以使用式（2.18）表示。

$$f_1(t) = \text{Re}\left[Ae^{-i(\omega_1 t + \varphi_1)} \right] \qquad f_2(t) = \text{Re}\left[Be^{-i(\omega_2 t + \varphi_2)} \right] \tag{2.17}$$

式中，f_1 和 f_2 分别表示两个激光器各自的频率，A 和 B 代表两束激光强度，ω_1 和 ω_2 分别代表两束激光的角频率，φ_1 和 φ_2 代表初始相位。拍频信号为

$$C(t) = \text{Re}\left[Ae^{-i(\omega_1 t + \varphi_1)} + Be^{-i(\omega_2 t + \varphi_2)} \right] \tag{2.18}$$

推导出的拍频信号振幅包络 $A_p(t)$ 可用式（2.19）和图 2.8 表示。

$$A_p(t) = \sqrt{A^2 + B^2 + 2AB\cos\left[(\omega_1 - \omega_2)t + \varphi_1 - \varphi_2 \right]} \tag{2.19}$$

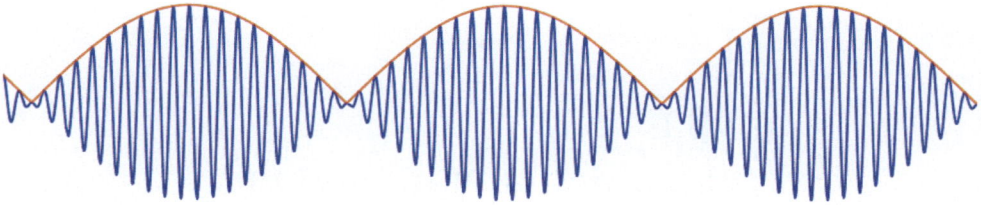

图 2.8　两个频率不同的余弦信号合成一个拍频信号（蓝色）（橙色曲线是拍频信号振幅包络）

假设拍频信号的瞬时功率

$$P(t) = \left[\frac{A_p(t)}{R}\right]^2 = \frac{A^2}{R} + \frac{B^2}{R} + 2\frac{AB}{R}\cos\left[(\omega_1 - \omega_2)t + \varphi_1 - \varphi_2\right] \tag{2.20}$$

其中，R 为一个虚拟的阻抗，用于衡量正比关系。设两个激光器输出激光的振幅相同，则其瞬时功率

$$P(t) = \left[\frac{A_p(t)}{R}\right]^2 = \frac{A^2}{R}\left\{2 + 2\cos\left[(\omega_1 - \omega_2)t + \varphi_1 - \varphi_2\right]\right\} \tag{2.21}$$

可以使用瞬时功率来估计模型中的载流子产生速度

$$G(t) = \frac{\eta P(t)}{hf_{\text{laser}}Sd} = \frac{\eta A^2/R}{hf_{\text{laser}}Sd}\left\{2 + 2\cos\left[(\omega_1 - \omega_2)t + \varphi_1 - \varphi_2\right]\right\} \tag{2.22}$$

式中，hf_{laser} 是两个激光器的平均光子能量，η 代表入射光子每次产生的载流子对数目，S 代表激光光斑有效面积，d 代表光子吸收深度。本系统的两个激光器的中心波长分别为 783 nm 和 785 nm，则可以估算平均频率 $f_{\text{laser}} \approx 3.824 \times 10^{14}$ Hz。实际测得拍频信号平均功率为 36 mW，对应的单个拍频信号峰值功率为 36 mW。选择典型参数 S=64 μm²，d=1 μm，η = 1，$\omega_1 - \omega_2 = 2\pi \times 1$ THz。最终仿真结果如图 2.9 所示。

图 2.9（a）所示是拍频信号输入后产生的信号波形，初期的波形不稳定是由初始参数引起的。图 2.9（b）所示的时域信号后半段几乎处于稳定状态，可以看见振荡频率主要集中在 1 THz，在 2 THz 处也有信号，这可能是式（2.12）～式（2.16）中的非线性部分引起的。

(a) THz 时域波形

(b) 后半段时间 THz 波对应的频谱

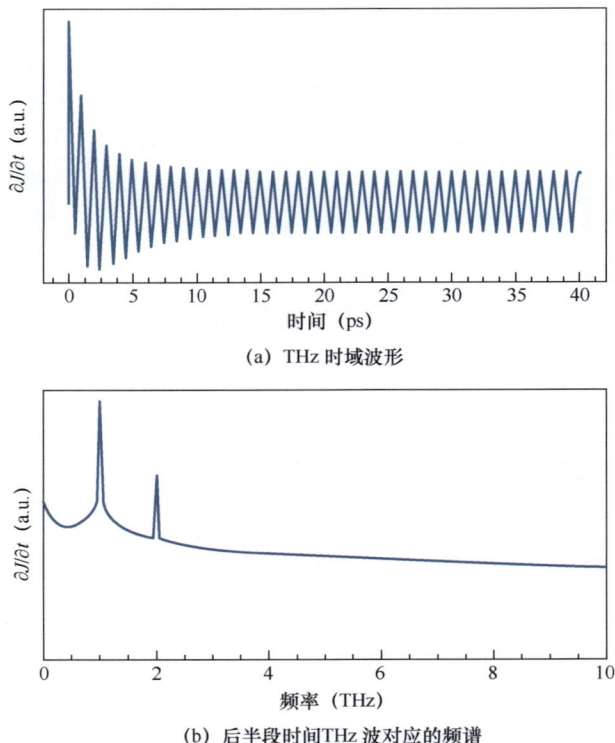

图 2.9　连续激光拍频激发光电导天线产生 THz 波的最终仿真结果

对于输入为拍频信号的情况，也可以将方程组转换到频域进行分析。对德鲁德-洛伦兹模型方程组的两边进行傅里叶变换，即

$$\mathrm{j}\omega n(\omega) = -\frac{n(\omega)}{\tau_c} + G(\omega) \tag{2.23}$$

$$\mathrm{j}\omega v_{e,h}(\omega) = -\frac{v_{e,h}(\omega)}{\tau_s} + \frac{q_{e,h}}{m_{e,h}} E(\omega) \tag{2.24}$$

$$E(\omega) = E_b 2\pi\delta(\omega) - \frac{P(\omega)}{\alpha\varepsilon} \tag{2.25}$$

$$\mathrm{j}\omega P(\omega) = -\frac{P(\omega)}{\tau_r} + J(\omega) \tag{2.26}$$

$$J(\omega) = \frac{1}{2\pi} en(\omega) \otimes \left[v_h(\omega) - v_e(\omega) \right] \tag{2.27}$$

式中，$\omega = \omega_1 - \omega_2$ 代表 THz 波角频率，$\otimes$ 代表卷积，$\delta(\omega)$ 为冲激函数。化简上面的公式可得

$$n(\omega) = \frac{G(\omega)}{\mathrm{j}\omega + \dfrac{1}{\tau_{\mathrm{c}}}} \tag{2.28}$$

$$v_{\mathrm{e,h}}(\omega) = \frac{\dfrac{q_{\mathrm{e,h}}}{m_{\mathrm{e,h}}} E(\omega)}{\left(\mathrm{j}\omega + \dfrac{1}{\tau_{\mathrm{s}}}\right)} \tag{2.29}$$

$$P(\omega) = \frac{J(\omega)}{\left(\mathrm{j}\omega + \dfrac{1}{\tau_{\mathrm{r}}}\right)} \tag{2.30}$$

从而可以推导出电流的表达式为

$$J(\omega) = e\left(\frac{q_{\mathrm{h}}}{m_{\mathrm{h}}} - \frac{q_{\mathrm{e}}}{m_{\mathrm{e}}}\right)\frac{G(\omega)}{\mathrm{j}\omega + \dfrac{1}{\tau_{\mathrm{c}}}} E_{\mathrm{b}}\tau_{\mathrm{s}} -$$

$$\frac{1}{2\pi} e\left(\frac{q_{\mathrm{h}}}{m_{\mathrm{h}}} - \frac{q_{\mathrm{e}}}{m_{\mathrm{e}}}\right)\left[\frac{G(\omega)}{\mathrm{j}\omega + \dfrac{1}{\tau_{\mathrm{c}}}} \otimes \frac{J(\omega)}{\alpha\varepsilon\left(\mathrm{j}\omega + \dfrac{1}{\tau_{\mathrm{s}}}\right)\left(\mathrm{j}\omega + \dfrac{1}{\tau_{\mathrm{r}}}\right)}\right] \tag{2.31}$$

其中，式（2.31）右边的第二项可能与非线性效应有关。由于是卷积的形式，难以继续化简。但考虑到图 2.9 所示结果，非线性项占有能量相对主要信号的很小，所以接下来可忽略这一项。由式（2.22）简化可得电子密度源的时域表达式

$$G(t) = n_0[2 + 2\cos(\omega t + \Delta\varphi)] \tag{2.32}$$

为了方便，假设 $\omega_1 \geq \omega_2$，$\Delta\varphi = \varphi_1 - \varphi_2$。式（2.32）是由一个常数和一个余弦函数组成的。对于式（2.32）中的常数，它在光电导天线中激励出的信号为

$$J(\omega) = e\left(\frac{q_{\mathrm{h}}}{m_{\mathrm{h}}} - \frac{q_{\mathrm{e}}}{m_{\mathrm{e}}}\right)\frac{4n_0\pi\delta(\omega)}{\mathrm{j}\omega + \dfrac{1}{\tau_{\mathrm{c}}}} E_{\mathrm{b}}\tau_{\mathrm{s}} \tag{2.33}$$

$$= e\left(\frac{q_{\mathrm{h}}}{m_{\mathrm{h}}} - \frac{q_{\mathrm{e}}}{m_{\mathrm{e}}}\right)4n_0\pi\delta(\omega)E_{\mathrm{b}}\tau_{\mathrm{s}}\tau_{\mathrm{c}} \tag{2.34}$$

这个信号在频域上是零频点的一个冲激函数，在时域（无穷时间）上是一个常量。由于零频点不辐射 THz 波，后面就省略了这一项。一个系统对于连续余弦

信号的响应是直接对余弦信号的振幅和相位进行调制，在输入的连续余弦信号的作用下，光电导天线产生的光电流在时域中可以描述为

$$J(t) = LE_b \cos\left(\omega t + \Delta\varphi + \varphi_L\right) \tag{2.35}$$

式中，$L = 2n_0 e\left(\dfrac{q_h}{m_h} - \dfrac{q_e}{m_e}\right) \dfrac{1}{\left|j\omega + \dfrac{1}{\tau_c}\right|} \tau_s$，$\varphi_L = \arg\left(\dfrac{1}{j\omega + \dfrac{1}{\tau_c}}\right)$。辐射的 THz 电场信号可以表示为

$$E(t) = \frac{\partial J(t)}{\partial t} = \omega A_s L E_b \cos\left(\omega t + \Delta\varphi + \varphi_L + \frac{\pi}{2} + \varphi_s\right) \tag{2.36}$$

式中，φ_s 是假设的光电导天线产生的相位，A_s 是假设的光电导天线的振幅频率响应。把相关参数合并到一起，则电场的时域信号可以写成

$$E(t) = |A(\omega)| E_b \cos\left(\omega t + \Delta\varphi + \varphi_A\right) \tag{2.37}$$

式中，$A(\omega)$ 代表光电导天线的频率响应，φ_A 表征光电导天线频率响应对相位的影响。

2.4　本章小结

本章从激光与半导体材料相互作用的基本对称性破缺物理机理开始，从经典麦克斯韦方程组出发，简述了产生 THz 辐射的三大电流模型：极化电流、传导电流、磁化电流（对应磁偶极子）。通过简单的公式推导，结合清晰的物理图像，阐述了如何用飞秒激光和连续激光拍频等方法分别产生 THz 辐射和连续波，为后面从实验上探测 THz 波和调控 THz 波，以及建立半导体及后摩尔新材料所对应的辐射模型奠定理论基础。

参考文献

[1] PETTINE J, PADMANABHAN P, SIRICA N, et al. Ultrafast terahertz emission

from emerging symmetry-broken materials[J]. Light: Science & Applications, 2023, 12(1): 133.

[2]　HUANG Y Y, YAO Z H, HE C, et al. Terahertz surface and interface emission spectroscopy for advanced materials[J]. Journal of Physics: Condensed Matter, 2019, 31(15): 153001.

[3]　LIU S J, REN Z J, CHEN P, et al. External-magnetic-field-free spintronic terahertz strong-field emitter[J]. Ultrafast Science, 2024(4): 0060.

[4]　LI P Y, LIU S J, CHEN X H, et al. Spintronic terahertz emission with manipulated polarization (STEMP)[J]. Frontiers of Optoelectronics, 2022, 15(1): 12.

[5]　吴晓君，任泽君，孔德胤,等. 铌酸锂强场太赫兹光源及其应用[J]. 中国激光, 2022, 49(19): 305-325.

[6]　WU X J, KONG D Y, HAO S B, et al. Generation of 13.9 - mJ terahertz radiation from lithium niobate materials[J]. Advanced Materials, 2023, 35(23): 2208947.

[7]　ZHAO H H, CHEN X H, OUYANG C, et al. Generation and manipulation of chiral terahertz waves in the three-dimensional topological insulator Bi_2Te_3[J]. Advanced Photonics, 2020, 2(6).

[8]　MATSUURA S, TANI M, ABE H, et al. High-Resolution terahertz spectroscopy by a compact radiation source based on photomixing with diode lasers in a photoconductive antenna[J]. Journal of Molecular Spectroscopy, 1998, 187(1):97-101.

[9]　BROWN E R, VERGHESE S, MCINTOSH K A. Terahertz photomixing in low-temperature-grown GaAs[C]//Advanced Technology MMW, Radio, and Terahertz Telescopes. SPIE, 1998, 3357: 132-142.

第 3 章　光学 THz 辐射实验技术

3.1　引言

第 2 章主要讲解了飞秒激光和连续激光作用在半导体等材料上产生脉冲式或者连续式 THz 波的物理基础，本章则着重讲解实验实现。虽然辐射机理有不同，但不论是脉冲式 THz 波还是连续式 THz 波，THz 波的产生与探测装置大同小异。本章先讲解脉冲式 THz 波的产生与探测装置，再讲解连续式 THz 波的产生与探测装置。因为飞秒激光具有高峰值功率的特性，所以实验室普遍采用的 THz 波产生与探测装置大多基于飞秒激光泵浦，近年来仅有少数工作采用两个 DFB 激光器拍频方式产生 THz 辐射，故本章对前者的介绍将更详尽。

3.2　飞秒激光泵浦 THz 时域光谱技术

从实验装置上看，要想获得高信噪比的 THz 波发射信号，采用飞秒激光泵浦的

THz 波产生与探测光路系统至少要涵盖以下几方面：飞秒激光器、传输光路、发射样品、THz 波传输与汇聚模块、探测模块、锁相放大技术、自动控制软件、数据采集、数据处理、机理分析等。典型的飞秒激光泵浦 THz 波产生与探测光路系统如图 3.1 所示。

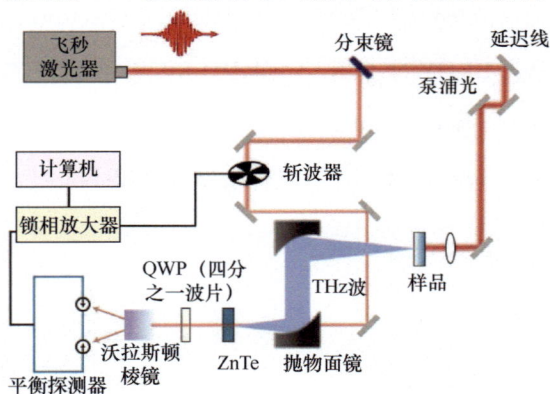

图 3.1　典型的飞秒激光泵浦 THz 波产生与探测光路系统

接下来对飞秒激光泵浦 THz 发射光谱系统进行详细介绍。

3.2.1　飞秒激光器

作为 THz 发射光谱系统的关键组成，实验室常用来产生 THz 辐射的飞秒激光器主要包括钛宝石激光振荡器、钛宝石飞秒激光器、光纤飞秒激光器以及最近研制出来的 Yb 高重复频率高功率飞秒激光器等。钛宝石激光振荡器内部主要包括泵浦源、钛宝石增益介质、谐振腔等。图 3.2 所示为小型化的钛宝石激光振荡器内部基本结构。激光器的激光头由二极管泵浦源、谐振腔以及电学元件 3 部分组成，结构十分紧凑。图 3.2 中上方区域为泵浦源，包含两个 GaN 激光二极管。它们发出的光经过反射镜后进入下方的谐振腔。在腔体内部先经过增益介质，再分成长臂与短臂两路。其中，短臂路径为晶体—M2—M7—M1—M3—晶体；长臂路径为晶体—M4—M6—M5—M6—M5—M8。大部分光由 M8 返回谐振腔继续参与反射，一个反射周期只有 12.5 ns。其余的光经过分束镜，大部分从右侧的出光口输出，从而驱动外部系统工作，少部分返回电学元件被收集监测。图 3.2 中左上方的两个探测器分别用于检测激光的功率和锁模状态。

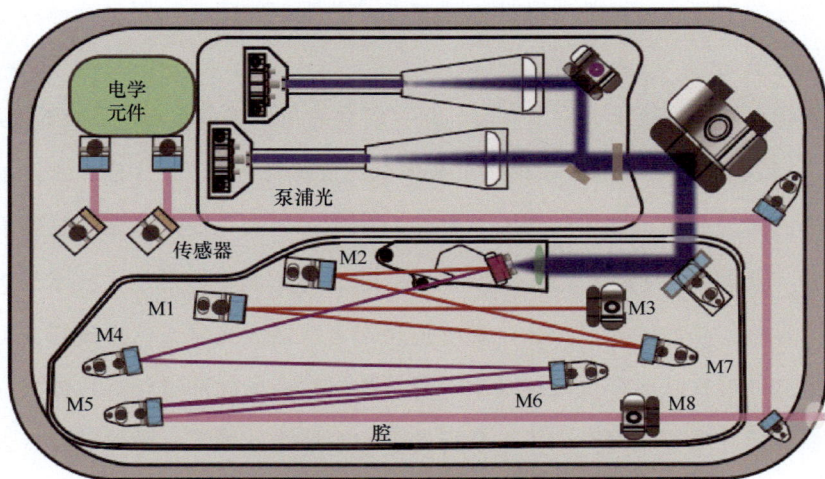

图 3.2　钛宝石激光振荡器内部基本结构

注：M 为反射镜。

钛宝石激光振荡器输出的激光脉冲的重复频率一般比较高，大多为 80 MHz。如果采用这样的激光器产生驱动 THz 辐射的激光，得到的信号的信噪比可以非常高。但是，激光振荡器的单脉冲能量非常低，因为能量被平均分配给了单个脉冲，一般在纳焦耳量级。因此，通过激光振荡器搭建的 THz 发射光谱系统也大多用来研究半导体等材料的瞬态电导率，或作为遴选可用于高效率产生 THz 辐射的材料的一种非常有效的方法。通过激光振荡器产生的 THz 辐射的电场强度都非常弱，以至于在实验中，不对采用激光振荡器泵浦产生的 THz 辐射的电场强度进行诊断和讨论。

要想获得电场强度更高的 THz 辐射，或者发展高能 THz 强源，势必要对激光振荡器的单脉冲能量进行放大，输入材料体系的激光的单脉冲能量高了，产生的 THz 辐射的单脉冲能量以及对应的电场强度才可以达到强场的讨论范畴。对激光振荡器的单脉冲能量进行放大的想法很好，但是在激光器被发明之后的很长一段时间都没能实现突破。如果直接把单脉冲能量放大，在脉冲宽度非常窄的情况下，激光器内部包括谐振腔在内的光学元件等会经受不住高峰值能量的轰击，很容易遭到损坏。图 3.3 所示为总平均功率相同的情况下，高重复频率与低单脉冲能量以及低重复频率与高单脉冲能量之间的关系。由此可见，在总平均功率相同的情况下，若重复频率高，则分配到每个脉冲的单脉冲能量就低；若重复频率低，则每个脉冲分到的单脉冲能量就高。

为了获得低重复频率与高单脉冲能量，研究人员花了很多心思。直到 1985 年 Strickland 和她的导师 Mourou 提出了啁啾脉冲放大技术[1]，才令高单脉冲能量飞秒激光器的实现成为可能。钛宝石飞秒激光器相对于激光振荡器多了脉冲展宽与压缩部分，即啁啾脉冲放大，基本原理如图 3.4 所示。啁啾脉冲放大技术的思想在于，如果直接将单脉冲能量放大，高峰值功率可能造成光学元件被破坏。但是，如果先把脉冲展宽从而降低峰值功率，再对被展宽后的脉冲进行能量放大，最后对放大后的脉冲进行压缩，就可以获得超强超短激光脉冲了。啁啾脉冲放大技术的提出极大地推动了飞秒激光器的应用，Strickland 和 Mourou 因此获得了 2018 年的诺贝尔物理学奖。

(a) 高重复频率与低单脉冲能量示意

(b) 低重复频率与高单脉冲能量示意

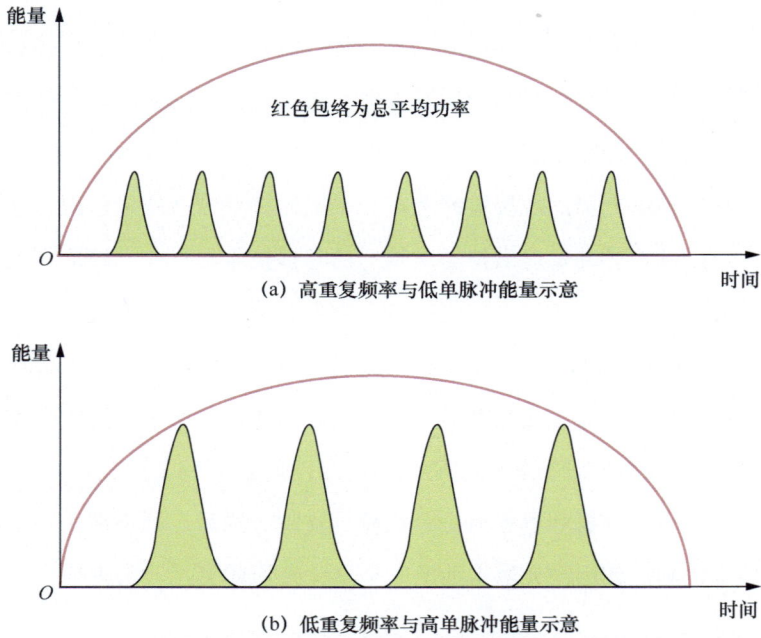

图 3.3　总平均功率相同的情况下，高重复频率与低单脉冲能量以及低重复频率与高单脉冲能量之间的关系

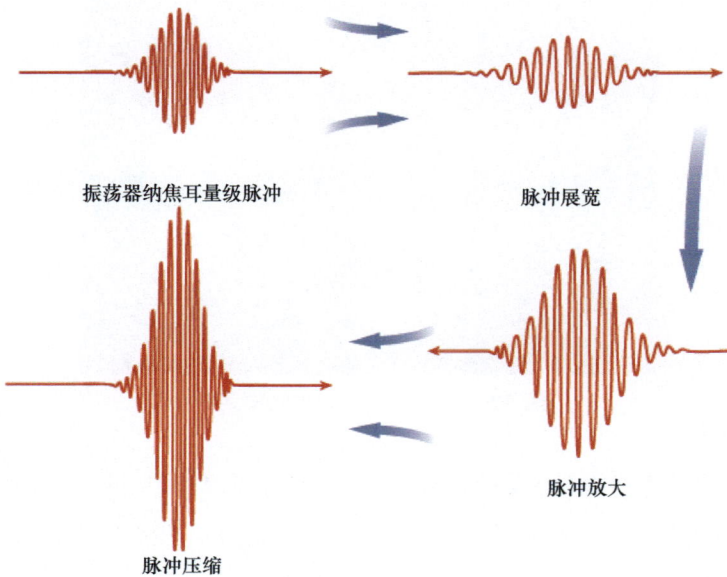

图 3.4　啁啾脉冲放大基本原理

随着钛宝石飞秒激光器技术快速发展，当今世界已经可以产生单脉冲能量高达百焦耳量级、峰值功率超过拍瓦量级的超强超短激光脉冲，在激光诱导核聚变、阿秒激光大科学装置、极端科学与应用等方面正在发挥重要的作用。飞秒激光器的另一个发展趋势则是脉冲越来越短，进而出现了飞秒乃至阿秒技术。

在钛宝石飞秒激光器的发展道路上，除了上述将单脉冲能量做得越来越大的超强超短技术，以及将脉冲宽度做得越来越窄的阿秒技术，目前比较流行的另外一种飞秒技术是通过二极管泵浦的小型化钛宝石激光振荡器。

图 3.5 所示为我们团队于 2023 年 12 月安装的一台奥地利 Viulase 公司生产的二极管泵浦的小型化钛宝石激光振荡器。这台仪器的体积非常小，尺寸为 420 mm×255 mm×80 mm，与台式计算机的主机大小相当，质量在 18 kg 左右。整台仪器仅需要在安装的时候用计算机观察频谱是否锁模，安装完成后，则不需要额外用计算机对激光器进行控制，使用激光器上面的一个开关按钮即可，非常方便。

图 3.5　小型化钛宝石激光振荡器

这台激光器的重复频率为 80 MHz，输出脉冲宽度约为 50 fs，平均功率约为 650 mW。为了与之配套实现 THz 辐射和探测光谱研究，我们构建了图 3.6 所示的 THz 时域光谱系统。泵浦光经过一个爬高镜后，经过两个小孔进入 THz 时域光谱仪，然后经过多个元件的反射、分光、准直、调偏振等，可以实现快速 THz 时域光谱测量、THz 辐射和探测、光泵浦-THz 探测等功能。

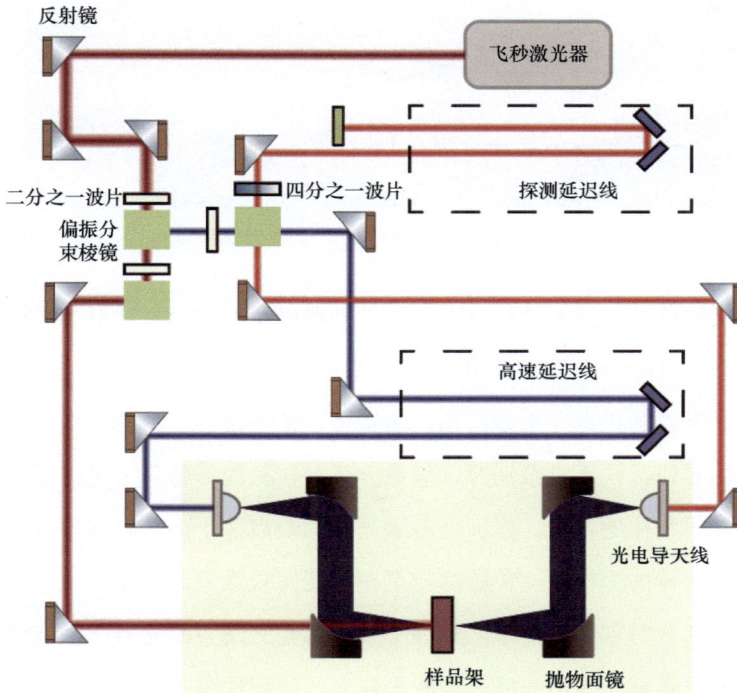

图 3.6　THz 时域光谱系统

除了用前文所述方法能把钛宝石激光振荡器做小但依然保持接近瓦量级平均功率，我们还在 2024 年 1 月采购了一台我国奥创光子公司生产的 1 mJ、50 kHz、1030 nm、650 fs 的工业级大功率飞秒激光器。该激光器实物如图 3.7 所示。该激光器的尺寸为 800 mm×500 mm×200 mm，质量约为 80 kg，可以输出平均功率高达 50 W 的飞秒激光脉冲，脉冲宽度与铌酸锂倾斜波前技术相匹配，可产生强场 THz 辐射，单脉冲能量为 1 mJ 也能保证产生的 THz 辐射达到强场研究范畴，而高重复频率有望使得强场 THz 泵浦-探测应用系统的信噪比相较现有的千赫兹量级的系统进一步提升（50 倍）。因此，一旦这样的激光器用于 THz 发射光谱和探测光谱中，将有望更进一步推动高效率、大功率、高重复频率的强场 THz 源技术在物态调控、电子加速、光谱成像等方面的应用。

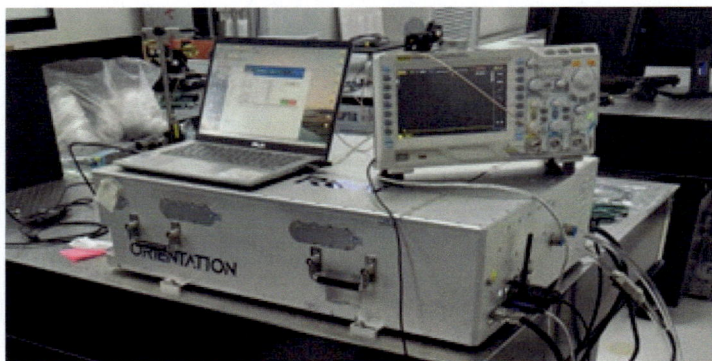

图 3.7　奥创光子公司生产的激光器实物

　　除了前文所述较为普遍的钛宝石飞秒激光器以及工业级大功率飞秒激光器，实验室常用来作为 THz 时域光谱仪的另一类驱动激光器是光纤飞秒激光器，如图 3.8 所示。此类激光器的优点在于体积小、质量轻、易携带等。它的工作原理与钛宝石飞秒激光器的类似，只不过泵浦源、增益介质和谐振腔等部分都采用了与光纤兼容的技术，并做了相应的替代。光纤飞秒激光器的缺点在于，其脉冲宽度不能做到像钛宝石飞秒激光器的那样窄，单脉冲能量在早期比较难突破毫焦耳量级，但在脉冲宽度要求不是那么苛刻的条件下，毫焦耳量级的光纤飞秒激光器已经能够实现商业化。目前实验室普遍还是用光纤飞秒激光器来产生和探测 THz 辐射。

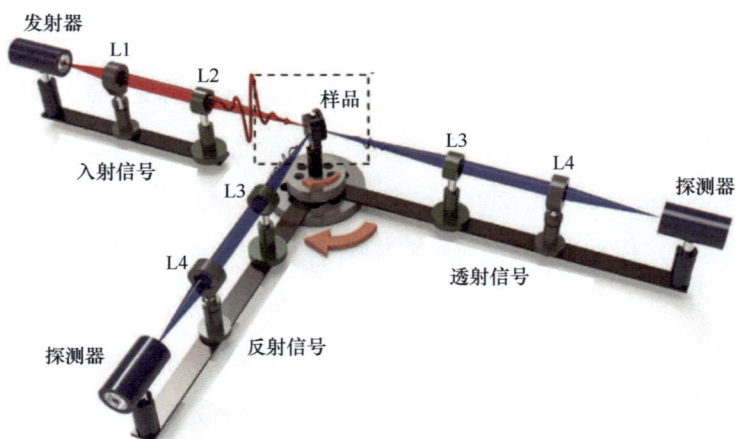

图 3.8　实验室用光纤飞秒激光器

注：L 为透镜。

飞秒激光泵浦下的 THz 辐射过程如图 3.9 所示，从构型上看，仅包含飞秒激光、被激发材料、THz 辐射信号。若倒过来看这个过程，会发现产生的 THz 辐射的性质完全由激光器参数和材料决定。假如实验过程中采用的是同一种材料，那么激光器的参数（激光中心波长、脉冲宽度、频谱分布、泵浦能量、平均功率、光斑形状等）将对 THz 辐射起到决定性作用。

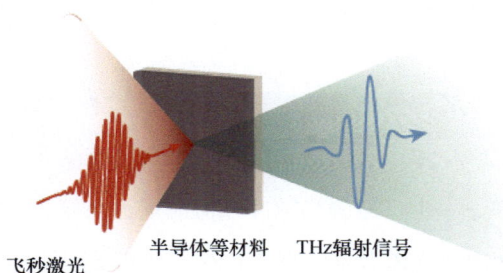

飞秒激光　　半导体等材料　　THz辐射信号

图 3.9　飞秒激光泵浦下的 THz 辐射过程示意

（1）激光中心波长对 THz 辐射的影响。泵浦光的中心波长对应激光的频率和光子能量，这决定了材料的光生载流子能否被高效率地产生。若泵浦光的中心波长太长，对应的光子能量过低，比如 800 nm 中心波长对应光子能量为 1.55 eV，那么，这样的激光脉冲就无法通过单光子直接吸收的方式激发带隙较宽的半导体，比如 ZnTe、GaP，以及一些二维半导体材料，比如 WS_2 和 WSe_2 及其异质结等。对于这样的情况，需要通过添加 $B_aB_2O_4$（偏硼酸钡）等倍频晶体，让泵浦光通过二次谐波将中心波长由 800 nm 转化为 400 nm（对应光子能量为 3.1 eV），再对带隙较宽的材料进行激发。但是，正如第 2 章所讲，即使不能通过激发载流子产生传导电流的方式产生 THz 辐射，但对于非中心反演对称半导体晶体材料，材料具有非常大的非线性系数，或者表面对称性破缺，也可以通过光子能量低于带隙的方式并利用非线性效应来产生 THz 辐射，比如 800 nm 飞秒激光泵浦 ZnTe、GaP、GaSe、$LiNbO_3$ 就通过二阶非线性效应的光学整流效应来产生 THz 辐射。因此，飞秒激光中心波长在很大程度上决定了 THz 辐射的机理。

（2）脉冲宽度对 THz 辐射的影响。脉冲宽度在 THz 辐射过程中也具有极其重要的作用。例如，在光学整流产生 THz 辐射的过程中，辐射效率既与峰值功率密切相关，又与脉冲在晶体内部的有效作用距离有关。如果脉冲宽度太宽，虽然有效作用距离可以长一些，但是由于峰值功率偏小，辐射效率也可能不高。反过来，如果脉冲宽度太窄，即便峰值功率很大，可以通过非线性效应产生 THz 辐射，也可能因为本征作用时间太短而导致有效作用距离变短，从而使 THz 辐射效率不高。因此，在通过极化电流产生 THz 辐射的过程中存在最佳脉冲宽度，它既不能太宽，也不能太窄。

对于通过自由电流或者传导电流产生 THz 辐射的过程，脉冲宽度的影响也非常重要。假如脉冲宽度太窄，那么峰值功率很大，平均功率就升不上去，这样有可能导致 THz 辐射的强度变弱；也可能因为脉冲峰值能量过高导致产生的光生载流子瞬时密度太大，从而产生电荷屏蔽效应，使得产生的 THz 辐射不能有效地辐射出来。反过来，如果脉冲宽度太宽，产生的 THz 辐射的脉冲宽度也会相继变宽。

因此，从理论上说，如果半导体等材料本身对 THz 辐射不存在线性的声子或磁子吸收等过程，通过飞秒激光泵浦材料产生的 THz 辐射的脉冲宽度和频谱范围主要由飞秒激光脉冲宽度决定，遵循不确定性原理，那么产生的频谱理应处于零到 THz 频率的范围区间。然而，在实际的实验中，半导体材料的晶格振动或材料内部的等离子体共振均会使产生的 THz 辐射在某些频率下被吸收，从而不能实现无带隙（"gapless"）的频谱输出。直到后来出现空气等离子体、GaSe，以及 2016 年出现的自旋 THz 发射器，才实现了频谱非常宽的无带隙 THz 辐射，将超短激光脉冲完美地应用在了 THz 辐射上，并且在 THz 发射光谱应用方面也打开了新局面。

（3）频谱分布对 THz 辐射的影响。关于频谱分布对 THz 辐射的影响也仅仅在通过非线性光学效应产生 THz 辐射的过程中研究得较多，比如飞秒激光泵浦铌酸锂晶体产生强场 THz 辐射的过程。频谱分布在很大程度上与 THz 脉冲是否携带啁啾有很大关系，且对于利用铌酸锂产生 THz 辐射的情形，反而是非对称频谱分布对 THz 辐射效率提升更有益处，比如将长波的能量转移到短波上，更有利于实现高效率产生 THz 辐射。采用这样的方法可以极大地提高 THz 辐射效率，是获得单脉冲能量超过 1 mJ 的强场 THz 辐射的关键[2]。虽然在 1.4 mJ 铌酸锂 THz 强源产生工作中，我们通过理论计算对产生机理给出了半定量的解释，但是对于非对称频谱分布可以提升 THz 辐射效率的物理本质，还有待进一步的研究。

对于通过传导电流或者磁化电流产生 THz 辐射的过程，泵浦光频谱分布对 THz 辐射效率的影响的研究相对较少，可能是因为影响很小。对这一点可以这么理解，无论是半导体材料，还是铁磁金属材料，它们对飞秒激光的吸收会产生光注入的载流子或者被激发的自旋电荷，只要泵浦能量大于半导体带隙或者金属费米能级（对于金属，这非常容易），THz 辐射对泵浦光的波长和频谱分布的依赖不再明显。因此，频谱分布对 THz 辐射效率的影响也就没有那么大。但我们认为一定存在影响，因此会继续研究。

（4）泵浦能量对 THz 辐射的影响。对于利用二阶非线性效应产生的 THz 辐射，在辐射效率未达到饱和之前，THz 辐射的单脉冲能量与泵浦通量（或者泵浦能量）通常应呈二次型依赖关系。随着泵浦通量的进一步提升，单脉冲能量开始呈线性变化，对应的辐射效率也开始饱和。再进一步提升泵浦通量，单脉冲能量有可能开始饱和，而对应的辐射效率则有可能开始下降，如图 3.10 所示。这是做 THz 辐射实验最不希望看到的现象。为了避免这种现象的出现，通常可以对泵浦光斑进行扩束，降低泵浦通量，或者对晶体进行冷却，提升 THz 波的耦合输出效率。当然，对于通过极化电流产生 THz 辐射过程中的能量饱和或辐射效率下降的现象，也有可能是晶体材料内部出现其他非线性现象或者多光子吸收导致载流子产生过程被激发，使得 THz 波输出饱和。

对于通过传导电流产生 THz 辐射的过程，对应的机理则比较复杂。在早期关于 GaAs、GaP 等半导体材料产生 THz 辐射的研究过程中，传导电流和极化电流都有可能对 THz 辐射产生贡献，而传导电流还被区分为内建电场引起的漂移电流和载流子浓度梯度导致的扩散电流。为此，在早期的实验中，首先需要通过旋转样品的方位角，把基于光学整流机制产生的 THz 辐射降到最低，然后通过改变泵浦通量来区分漂移电流和扩散电流各自的贡献比例。这部分内容将在第 4 章中详细讲解。

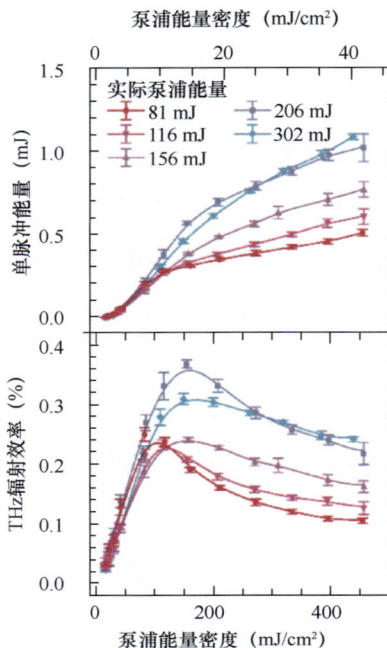

图 3.10 单脉冲能量与 THz 辐射效率

因此，泵浦能量或者说泵浦通量对 THz 辐射效率和辐射机理都有一定的影响。如果泵浦能量不够，即便有性能再优异的半导体或新材料，也很难产生被探测到的 THz 辐射，也就没有办法通过光学 THz 发射光谱来反推材料内部的超快动力学行为。

（5）平均功率对 THz 辐射的影响。平均功率在 THz 辐射过程中具有扮演引入热效应的作用。对于普通实验室常用的飞秒激光器，如果被研究的材料的导热性不够好，材料可能在几百毫瓦振荡器产生的激光脉冲的聚焦作用下被打坏，还探测不到 THz 辐射信号。但是这样的现象不是非常普遍，对于大多数理论预测可能产生 THz 辐射的材料，只要系统的信噪比足够好，都有可能探测到 THz 辐射信号。但是对于大功率激光泵浦非线性晶体产生 THz 辐射的情况，晶体有可能局部被加热而使得晶格振动剧烈，晶体内部对产生的 THz 辐射的吸收变大。因此，对于这样的情况，冷却方式通常有一定的帮助。比如，在利用飞秒激光泵浦铌酸锂产生 THz 辐射的过程中，因为晶体内部声子对 THz 波的吸收较强，通过液氮冷却通常可以将辐射的

THz 能量扩大一倍。但是，对于未来的高重复频率、高单脉冲能量、高平均功率的百瓦甚至千瓦量级的飞秒激光泵浦，铌酸锂是否还能通过液氮冷却的方式来实现高效率、高重复频率、高平均功率的强场 THz 辐射，将在后面的研究中给出答案。至少从目前报道的实验结果来看，采用 500 W 高能量激光泵浦铌酸锂获得 634 mW 的 THz 波输出已经实现，但是能量转化效率才千分之一，与目前已经做到的百分之一相差还很大。关于热效应对 THz 辐射的影响，将是未来高功率强场 THz 源辐射技术得以应用的关键。

（6）光斑形状对 THz 辐射的影响。除了前面所述几种比较重要的影响外，光斑形状对 THz 辐射效率也有一定的影响，但研究比较多的也以飞秒激光泵浦铌酸锂产生强场 THz 辐射为主。因为铌酸锂沿光轴方向被切割成了三棱镜形状，而相位匹配角一般在尖端，故需要把泵浦光做成椭圆光斑形状，竖直方向狭窄，水平方向稍宽，这样的光斑形状对产生 THz 辐射有一定的好处，如图 3.11 所示。然而，对于半导体材料或者金属材料等通过传导电流或者磁化电流产生 THz 辐射的操作，光斑形状对 THz 辐射性能的影响的研究较少。我们团队认为，主要的原因在于，光斑形状不是影响光注入载流子形成电荷流的主要原因，因此其影响相对较小。

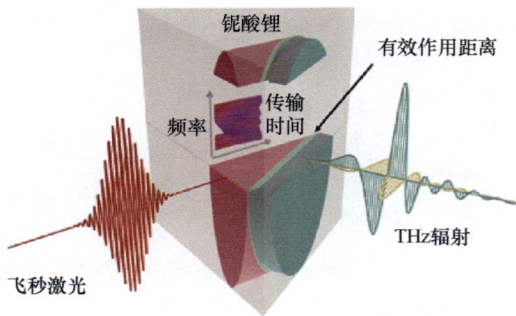

图 3.11　光斑整形提升 THz 辐射效率

3.2.2　传输光路

从激光器输出的脉冲序列一般先经过若干反射镜，从而对整个光束的水平和竖直高度进行调整，以便让光束更好地进入 THz 装置。在光束进入 THz 装置前，需要在光路中添加分束镜，将总光束分成用于产生 THz 辐射的泵浦光，而剩余少部分能量用作探测光。分束镜可以是固定分束比的波片，也可以是由二分之一波片和偏振片组合而成的可以调谐能量强弱的分束模块。

在实验过程中，通过上述方式来调节泵浦光的能量是非常方便的，但是对于探测光，通常不需要对其能量进行调控，因此，对于探测光光路部分，一般先在总光路上添加固定分束比的分束镜（如图 3.12 所示的第一个固定分束镜），避免泵浦光的能量调谐导致探测光的强度发生变化而给后续实验造成更多不便。

为了便于后续的相关操作，如图 3.12 所示，通常采用二分之一波片和偏振分束器的组合，让透射的水平偏振激光作为泵浦光，让垂直于透射方向的另一个方向的偏振激光作为探测光，反之亦可。当然，也可以用一束作为泵浦光，另外一束也作为泵浦光，实现偏振垂直的双泵浦 THz 辐射实验。

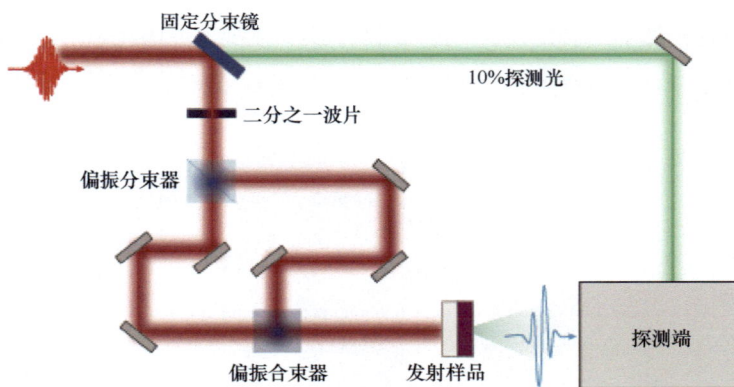

图 3.12　基于二分之一波片和偏振分束器组合方式的能量调控和双泵浦 THz 辐射实验部分光路

说起双泵浦 THz 辐射实验[3]，以及普遍的单泵浦 THz 辐射实验，皆需要在泵浦光光路或者探测光光路上添加延迟线和斩波器，后续才能通过探测光脉冲对发射的 THz 脉冲进行电光取样测量。当然，如果通过锁相放大器内置的电压源来为被研究样品提供偏置电压，也可以不需要斩波器即可实现高信噪比的 THz 探测。在进行上述主要的光路设置后，泵浦光通常需要被聚焦到发射样品上。为了便于优化和调节，聚焦透镜一般安装在一个三维平移台上。

3.2.3　收集装置

为了便于研究，被聚焦后的泵浦光通过镀有增透膜的窗片，进入抽真空或者充入氮气、压缩空气的 THz 波传输模块中，从而照射到发射样品上。样品一般被安装在可以旋转方位角的样品架上，样品架被放置在发射样品后方的第一个离轴抛物面镜焦点上，产生的 THz 辐射在空间分布上类似一个锥形，可通过离轴抛物面镜进行准直，然后通过另外一个离轴抛物面镜将 THz 波聚焦到探测晶体上。

当然，通常的 THz 辐射实验是依托原有的 THz 时域光谱系统开展的。那么在 THz 收集装置部分，可能不止两个离轴抛物面镜，可能包含 4 个离轴抛物面镜，以便在第二个离轴抛物面镜后还存在聚焦 THz 波的地方，用于 THz 时域光谱测量。这种构型如图 3.13 所示。

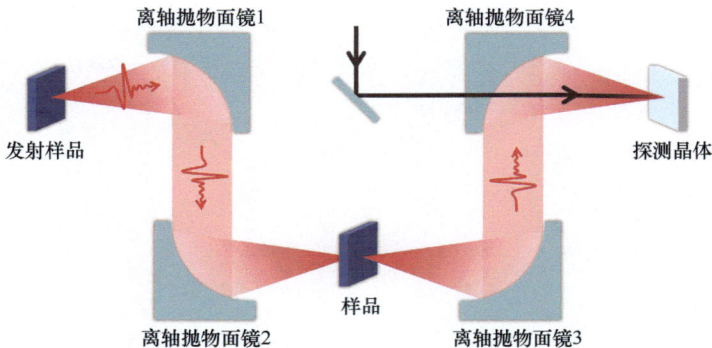

图 3.13　发射样品后方有 4 个对称的离轴抛物面镜的 THz 辐射和探测系统

对于激光放大器驱动的 THz 辐射和探测系统，比如自旋 THz 辐射系统，一方面为了避免样品被聚焦后的高能量脉冲打坏，另一方面也为了在全能量泵浦下获得更强的 THz 辐射的电场强度，不但不需要对泵浦光进行聚焦，反而还需要对其进行扩束。图 3.14 所示就是被扩束后的飞秒激光照射到 4 英寸（1 英寸≈2.54cm）

自旋发射器上产生和探测 THz 辐射的装置。在这种构型中，收集装置只需要一个离轴抛物面镜。如果自旋发射器的衬底材料是玻璃，还会有一定的泵浦光透过衬底，可采用 ITO 玻璃先反射 THz 波，让剩余激光被挡板挡住。如果衬底为高阻硅片，剩余泵浦光无法透过，则让透射的 THz 辐射信号直接经过离轴抛物面镜聚焦到探测晶体上[4]。

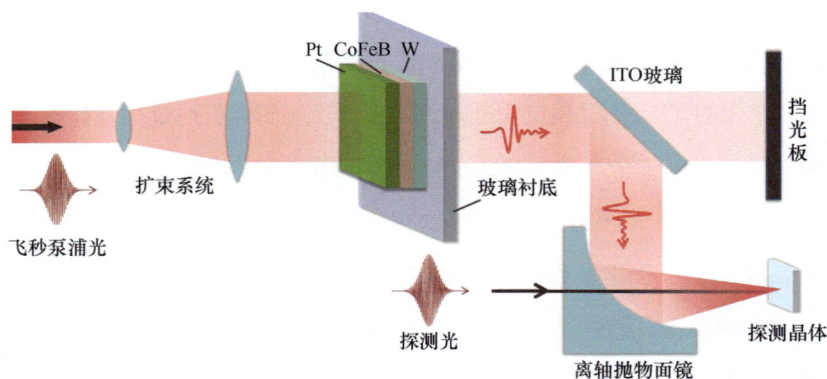

(a) 玻璃衬底的自旋THz发射器

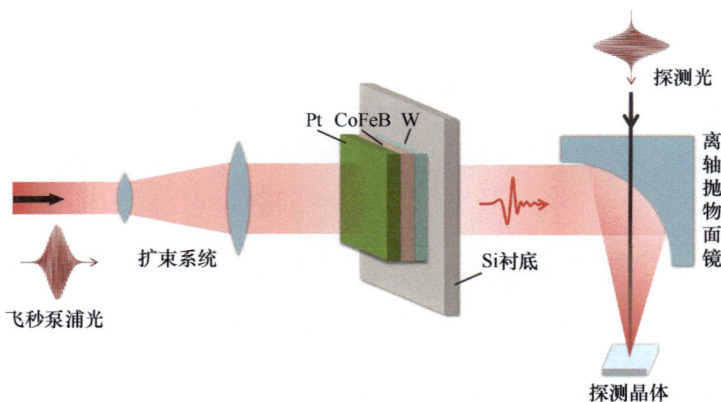

(b) Si衬底的自旋THz发射器

图 3.14　飞秒激光泵浦自旋 THz 发射器

3.2.4　探测模块

在大多数光学泵浦的 THz 发射光谱系统中，探测主要可以使用以下 4 种方法：

能量和光斑直接探测；光电导天线取样；非线性晶体电光取样；强场 THz 磁场分量探测。几种探测方法各有利弊，下面进行较为详细的介绍。

（1）能量和光斑直接探测。热释电探测方法是探测技术中较为直接的方法。热释电能量探头主要由吸光材料、热释电材料、电极以及散热器组成。核心的部件就是热释电材料。从微观上来说，热释电材料是由规律排列的带电离子单元组成的，材料晶体中存在正负电荷不重合的行为，即具有极性。这种自发极化的现象与温度有关，实际上是光能转换为热能，再转换为电能的过程。当 THz 波照射到探测器上时，探测器表面的吸光材料会吸收 THz 波的能量，转化成热能，与吸光材料接触的热释电材料受热会迅速引起材料温度的变化，从而引发材料的自发极化强度发生变化，材料表面产生电荷。这种材料可以直接用来探测 THz 波的光斑，也可以通过热释电能量探头、控制器、示波器的组合使用实现对 THz 波能量的直接探测。但是这种探测方法很容易受到外界热源和光源的干扰，当环境温度变化时，会导致探头灵敏度明显下降，或造成短时失灵。

（2）光电导天线取样。在探测技术中，光电导天线取样是发展较为成熟的技术之一。该方法可以追溯到 1989 年，Grischkowsky 教授通过用飞秒激光照射光电导天线结构中间的间隙探测到光电流信号，从而实现了对 THz 波的探测[5]。而现在实验中最常用的光电导天线一般基于 GaAs 或者 InGaAs 材料制备，由微纳尺度间隙的金属电极构成。电极可以起到提供偏置电场的作用，优化光电导天线的结构设计可以提升 THz 辐射效率。

该方法的原理如下，当一束激光脉冲照射到电极之间的半导体材料上时，会在材料内部激发出自由载流子，如果被探测的 THz 脉冲恰好也聚焦到这个被激发的点上，那么 THz 脉冲就充当高频电场，提供一个高频交流的瞬态偏置电压，从而驱动自由载流子运动，形成瞬态光电流。由于探测光的脉冲宽度小于 THz 脉冲宽度，实验时只需要通过调节探测光与 THz 脉冲之间的时延就可对 THz 脉冲进行逐点取样。该方法是较早应用于 THz 脉冲相干探测的技术，至今仍被广泛应用。

（3）非线性晶体电光取样。除光电导天线取样外，在探测技术中最传统也最常用的方法就是非线性晶体电光取样。该技术的核心是线性电光效应，简单来说就是电光晶体在外加电场的作用下，折射率会随着外加电场强度变化而按照一定比例变化。典型的探测光路由电光晶体、四分之一波片、沃拉斯顿棱镜、平衡探测器等组成。当没有 THz 脉冲只有探测光时，线偏振的探测光通过四分之一波片变成了圆偏振形式。在这种情况下，探测光经过沃拉斯顿棱镜后，被分成水平偏振和竖直偏振形式，两束光的光强是相同的，所以平衡探测器输出信号为零；当 THz 脉冲与探测光共线传播且时间同步时，THz 电场改变晶体的折射率，使探测光的偏振态由线偏振变为圆偏振，导致从沃拉斯顿棱镜出来的两束光的强度不再相同，差值的大小恰好正比于 THz 电场强度，差值正负对应 THz 电场矢量的方向。与光电导天线取样方法相比，电光取样技术具有更快的响应速度，更高的灵敏度和分辨率，并且能探测到的频谱范围更大。但是，如果实验中 THz 电场过强，就会导致经过晶体后的探测光的偏振出现过旋转的现象，甚至导致探测信号出现畸形。这种情况下，就需要使用更薄的探测晶体，实验上也必须付出更大的代价。

实验过程中，当用飞秒激光照射发射样品，产生的 THz 辐射的时域波形、脉冲宽度、峰值频率、频谱分布、相位信息等都是反推光与物质相互作用的超快动力学行为的重要依据。实验上最好能够直接获得 THz 电场矢量随时间的演化，因此电光取样技术应运而生。电光取样技术可以通过非线性晶体和光电导天线两种介质来实现，该技术是由泵浦-探测技术演化而来的。1995 年，张希成教授团队在 *Applied Physics Letters* 期刊上发表文章[6]，首次介绍利用非线性晶体结合逐点扫描的泵浦-探测技术，实现自由空间电光取样获得 THz 电场矢量的相干探测。

电光取样模块主要由电光晶体、四分之一波片、沃拉斯顿棱镜和一对平衡探测器组成。如图 3.15 所示，THz 脉冲由离轴抛物面镜聚焦，在焦点位置放置电光晶体（如 ZnTe 晶体）。一束红外探测光穿过离轴抛物面镜上的小孔，与 THz 脉冲共线地照射到电光晶体上。通过线性电光效应，THz 脉冲上各个时间点对应的电场强度将会引起探测晶体的折射率发生改变。当 THz 脉冲被挡住的时候，线偏振的红外探测光经过电光晶体时不会发生偏振态的改变，经四分之一波片和沃拉斯顿棱镜后，会分成两束强度相同的光，照射到平衡探测器上，得到的差分信号接近零，这是测量前的调平状态。当 THz 脉冲被聚焦到探测晶体上时，THz 电场会导致电光晶体发生场致双折射，线偏振的红外探测光经过被调制后的电光晶体会变为椭圆偏振激光，再经四分之一波片、沃拉斯顿棱镜后，水平偏振激光和竖直偏振激光的强度出现差异，差分探测的结果与 THz 电场强度成正比。通过移动位于探测光路上的光学延迟线，可以调整红外探测光和 THz 脉冲之间的时延，逐点"描绘"出完整的 THz 时域波形。

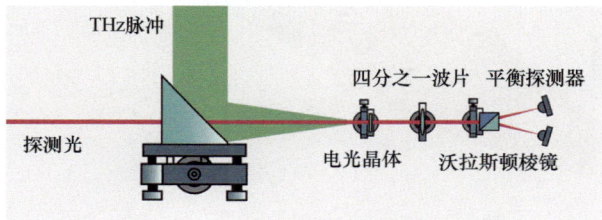

图 3.15　非线性晶体电光取样光路示意

自由空间电光取样技术的基本原理在于，探测光的不同偏振分量在晶体中产生的相位差 $\Delta\varphi$ 可以通过如下公式获得。

$$\Delta\varphi = \frac{\omega n_0^3 \gamma_{41} E_{\text{THz}} L}{c} \tag{3.1}$$

式中，ω 为 THz 波的角频率，n_0 为探测光在晶体中的折射率，γ_{41} 为探测晶体的非线性系数，E_{THz} 为被测量的 THz 电场强度，L 为晶体厚度，c 为自由空间光速。由相位变化可知电光晶体在 THz 电场作用下，可使入射的线偏振激光转化为椭圆偏振激光。改变 THz 脉冲和探测光之间的时延，即可利用平衡探测器测得不同时刻 THz 脉冲的振幅，进而得到 THz 时域波形。再通过快速傅里叶变换，得到 THz 波的频谱和相位信息。

图 3.16 所示为自旋 THz 发射器产生脉冲时的时域波形与频谱分布。该信号是通过飞秒激光泵浦 Pt(2 nm)/CoFeB(2 nm)/W(2 nm)衬底辐射出 THz 脉冲，再通过 ZnTe 探测晶体得到的。泵浦光的中心波长为 800 nm，脉冲宽度为 30 fs，脉冲能量为 3 mJ。从图中可以看出，通过电光取样技术可以间接探测到 THz 脉冲的时域波形，再通过傅里叶变换，可以快速得到辐射的 THz 脉冲的峰值频率和频谱分布等非常有用的信

息。从这些信息中可以得知，自旋 THz 发射器在短激光脉冲的照射下，产生的 THz 脉冲可以非常短，甚至远小于皮秒量级。因为脉冲非常短，所以对应的频谱可以非常宽，在 30 fs 的激光泵浦下，可以获得频率大于 10 THz 的 THz 辐射；在 10 fs 的激光泵浦下，可以获得频率大于 30 THz 的 THz 辐射。

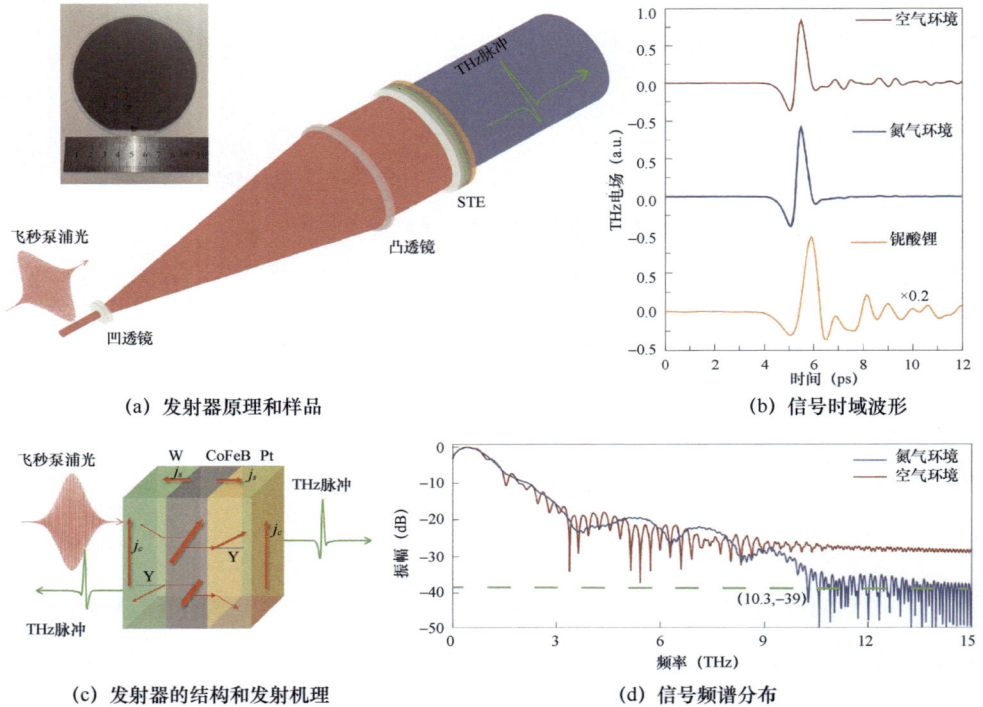

(a) 发射器原理和样品

(b) 信号时域波形

(c) 发射器的结构和发射机理

(d) 信号频谱分布

图 3.16　自旋 THz 发射器产生脉冲时的时域波形与频谱分布

虽然电光取样技术在早期用飞秒激光器驱动的 THz 发射光谱系统中被广泛使用，但是在强场探测方面却遇到了一些挑战，主要包括以下几个方面：如何还原发射样品处的 THz 真实波形？如何克服探测晶体自身的声子吸收以实现超宽带探测？如何解决 THz 电场强度过高引起的饱和失真？下面就电光取样的上述 3 方面挑战进行详细分析和讨论。

第一，如何还原发射样品处的 THz 真实波形？

从图 3.1 所示的总体光路可以看出，从样品处发射的 THz 信号还需要经过传

输模块和探测模块最终才能被探测。要想获得样品界面处甚至样品内部最初的
THz 信号，进而获得飞秒激光与材料相互作用的最原始动力学信息，需要对探测
到的信号进行一系列的操作，才能还原出样品处的原始 THz 信号。为了解决这
个问题，需要采用倒推的方式。在通过电光取样技术获得 THz 信号的前提下，
需要先得到探测晶体的响应函数。响应函数 $R(\omega)$ 由两部分组成，分别是复函数
$G(\omega)$ 和电光系数 $\gamma_{41}(\omega)$，其中复函数 $G(\omega)$ 反映了材料的吸收率和晶格共振附近
的较大速度失配。图 3.17 所示为 13 μm 厚的 GaP 晶体的复函数 $G(\omega)$ 随频率变化
的曲线。

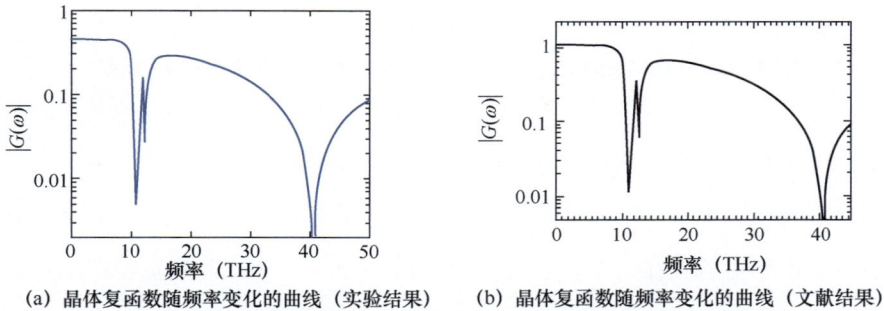

(a) 晶体复函数随频率变化的曲线（实验结果）　　(b) 晶体复函数随频率变化的曲线（文献结果）

图 3.17　13 μm 厚的 GaP 晶体的复函数 $G(\omega)$ 随频率变化的曲线

　　另一个决定响应函数的参数是电光系数 $\gamma_{41}(\omega)$。电光系数 $\gamma_{41}(\omega)$ 衡量由晶格共
振导致的强烈色散和共振增强情况，13 μm 厚的 GaP 晶体的电光系数 $\gamma_{41}(\omega)$ 随频
率变化的曲线如图 3.18 所示。

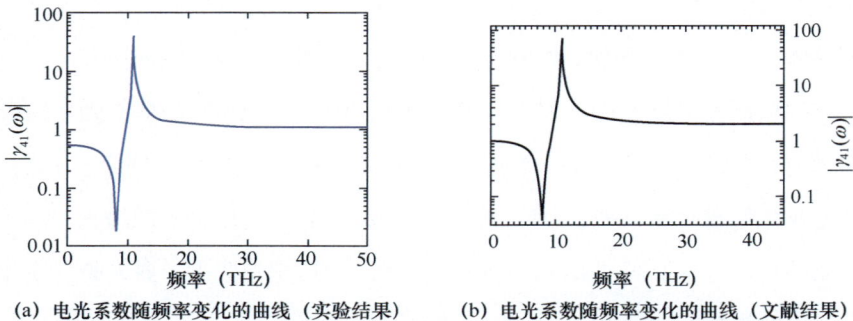

(a) 电光系数随频率变化的曲线（实验结果）　　(b) 电光系数随频率变化的曲线（文献结果）

图 3.18　13 μm 厚的 GaP 晶体的电光系数 $\gamma_{41}(\omega)$ 随频率变化的曲线

　　响应函数 $R(\omega)$ 是复函数 $G(\omega)$ 与电光系数 $\gamma_{41}(\omega)$ 的乘积，13 μm 厚的 GaP 晶体的响应函数 $R(\omega)$ 随频率变化的曲线如图 3.19 所示。有了探测晶体的响应函数，还需要考虑传输模块的响应函数，包括几个离轴抛物面镜的传输响应函数。综合考虑了这些因素后，就可以还原发射样品处的 THz 真实波形。

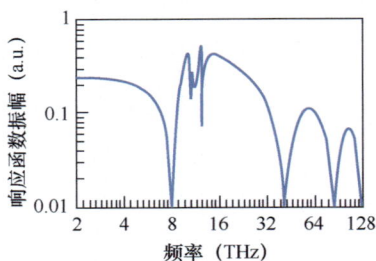

图 3.19　13 μm 厚的 GaP 晶体的响应函数 $R(\omega)$ 随频率变化的曲线

　　第二，如何克服探测晶体自身的声子吸收以实现超宽带探测？

　　许多非线性晶体在 THz 频段，尤其是高频部分都有声子吸收现象，比如 ZnTe 晶体在 5 THz 附近就存在一个声子吸收峰。为了降低声子吸收对超宽带探测的影响，通常可以将样品做得非常薄来降低声子的吸收，让声子吸收峰没有那么明显。当然，对于共振吸收非常强的材料，这也是治标不治本的方法。对于这样的情况，可以采用响应函数补偿方式，对声子吸收的部分进行补偿，然后还原出发射样品处的 THz 真实波形。

　　第三，如何解决 THz 电场强度过高引起的饱和失真？

　　通过非线性晶体实现对 THz 电场分量的探测，探测光偏振旋转的角度正比于进入探测晶体的 THz 电场强度。如果电场强度过高，那么探测光的偏振方向容易出现过旋转，导致探测信号失真。图 3.20 所示为采用较厚的 ZnTe 晶体作为电光取样晶体时的过饱和曲线。从图中可以看出，对于 ZnTe 晶体，当电场强度低于 136 kV/cm 时，电光取样得到的信号波形为单周期波形。随着 THz 电场强度的增强，信号在峰值处开始劈裂，出现了两个双峰。再进一步增强 THz 电场强度，原来的主峰开始向下翻转，以此类推。

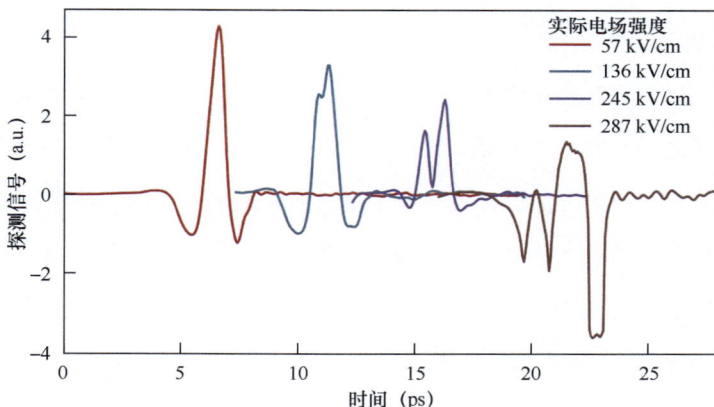

图 3.20　ZnTe 晶体作为电光取样晶体时的过饱和曲线

（4）强场 THz 磁场分量探测。为了解决电光取样技术在强场 THz 探测中的过饱和问题，设计了不同种类和不同厚度的铁磁纳米薄膜作为探测器，通过塞曼扭矩采样实现对强场 THz 脉冲的探测[7]。探测对比实验和结果如图 3.21 所示。THz 脉冲和 800 nm 探针脉冲通常入射到样品表面（即铁磁纳米薄膜），静态磁化矢量 $\vec{M}_0$ 位于铁磁纳米薄膜平面中，为 THz 脉冲的磁场 $\vec{B}(t)$ 施加与 $\vec{M} \times \vec{B}$ 成比例的转矩，从而将动态磁化矢量 $\vec{M}$ 偏转出平面。对于足够小的磁场，磁化强度会发生变化 $\Delta \vec{M} = \vec{M} - \vec{M}_0$，800 nm 探针脉冲通过法拉第效应即探测 $\Delta \vec{M}$ 引起的双折射就可以获得法拉第信号，这样就通过塞曼效应实现了对 THz 磁场分量的探测。

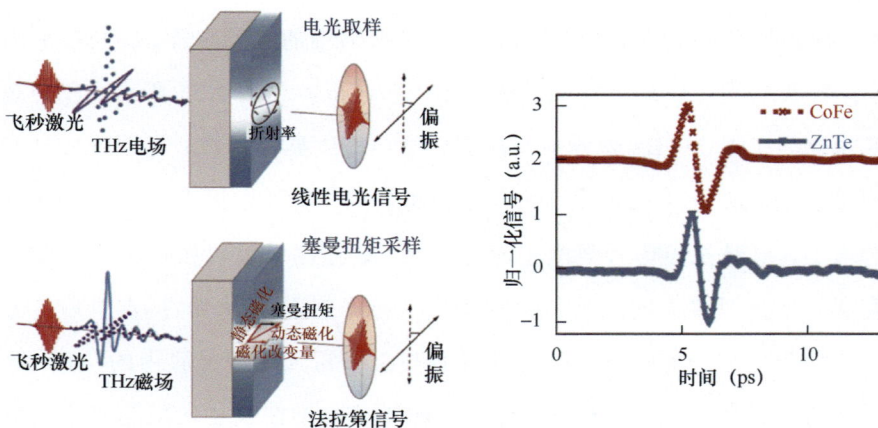

图 3.21　塞曼扭矩采样和电光取样的探测对比

图 3.22 展示了塞曼扭矩采样和电光取样两种探测方法的结果，对于塞曼扭矩采样探测方式，只需要对测量到的原始信号进行时间求导，就可以得到 THz 电场。由于电场与磁场之间存在换算关系，比如 1 MV/cm 的电场对应 0.33 T 的磁场强度。因此，可以构建出在放置样品处，聚焦束腰位置的 THz 脉冲的真实形状。对于电光取样而言，我们从以前的工作中获得了系统函数，图 3.22（a）是在 THz 电场未饱和的情况下获得的塞曼扭矩信号。塞曼扭矩信号和电光取样信号归一化后几乎相同，表明提取过程可靠，见图 3.22（b）。

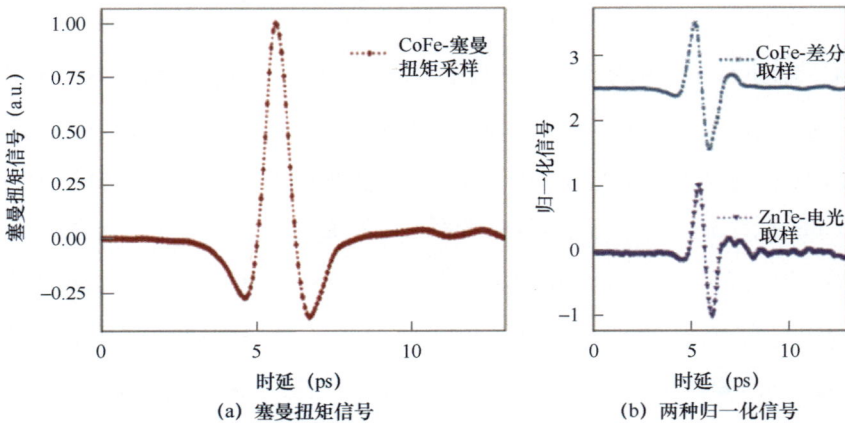

图 3.22　塞曼扭矩采样和电光取样两种探测方法的结果

为了探索铁磁样品在强场 THz 磁场分量探测中的性能表现，我们对不同厚度和不同种类的铁磁样品进行了系统的比较和分析，如图 3.23 所示。我们观察到厚度对样品在强场 THz 磁场中的探测性能会产生显著影响，见图 3.23（a）。我们测量了 3～15 nm CoFe 薄膜的塞曼扭矩信号。实验结果表明随着铁磁样品厚度的增加，塞曼扭矩信号强度也随之增大，这是由于塞曼扭矩信号强度与磁化强度变化量在厚度方向上的积分成正比，根据朗道-利夫希兹-吉尔伯特方程可知，在均匀磁化的前提下，信号强度将与总磁矩大小和薄膜内的 THz 磁场强度平均值成正比。因此，CoFe 样品的磁化动力学曲线呈现出随着样品厚度增加而上升的趋势。

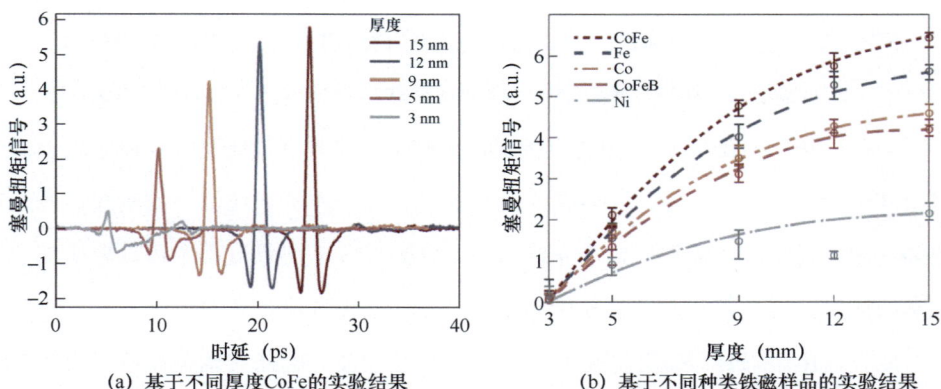

(a) 基于不同厚度CoFe的实验结果   (b) 基于不同种类铁磁样品的实验结果

图 3.23 不同厚度 **CoFe** 的塞曼扭矩曲线与不同铁磁纳米薄膜的塞曼扭矩信号峰值的厚度依赖曲线

最后，为了寻找探测灵敏度最好、性能最佳的探测器，我们在同等实验条件下分别对所有铁磁纳米薄膜的塞曼扭矩信号峰值测试 50 次，并且对每个样品探测光的强度都进行了归一化，以消除 800 nm 的探测光在进入不同厚度的铁磁样品时，因探测光强度不同所产生的影响，图 3.23（b）所示的实验结果显示了不同种类和厚度的铁磁纳米薄膜的塞曼扭矩信号峰值与样品厚度之间的关系。值得注意的是，我们观察到铁磁纳米薄膜随着样品厚度的增加几乎都呈现逐渐饱和的趋势，这一现象不仅与塞曼扭矩信号和铁磁薄膜总磁矩成正比有关，也受 THz 波在金属内部的入射波和反射波的干涉效应影响。当铁磁薄膜较薄时，入射波和反射波相位相差较小，引起强烈的相长干涉，使得样品内的平均 THz 磁场强度较小；而当铁磁薄膜较厚时，入射波和反射波的相位差增大，导致样品内的平均 THz 磁场强度较大。因此，最终的结果可以用一个线性函数（代表总磁矩）和一个逐渐减小的函数（代表平均 THz 磁场强度）的乘积来描述，最终信号呈现逐渐饱和的特征。

3.3 DFB 激光器拍频 THz 频域光谱技术

基于相干探测的连续波 THz 频域光谱（THz Frequency Domain Spectroscopy，THz-FDS）技术是一种典型的 THz 频域光谱技术。由于 THz-FDS 基于光拍频技术产生连续波，它对 THz 波的频率可控性远优于 THz 时域光谱技术，所以相较于 THz-TDS，

THz-FDS 具有高频谱分辨率的优势。目前先进的 THz-FDS 可以实现 10 MHz 以下的频谱分辨率,对需要高频谱分辨率的样品测量具有非常重要的意义,如气体检测等。

同时,由于 THz-TDS 测量得到的是时域信号,需要经过傅里叶变换才可以得到整个 THz 频段的光谱,而 THz-FDS 测量的是样品在单频连续波下的响应,通过扫描频率的方式获取所需要的样品光谱,所以 THz-FDS 在测量过程中可以轻松地控制频率的测量范围,得到样品在目标频段的光谱,以提升测量效率。

此外,由于 THz-FDS 测量所产生的波是连续波,因此它也可以被应用于 THz 无线通信、THz 成像等领域。

3.3.1　THz-FDS 系统原理

THz-FDS 系统有很多种,本节主要研究一种基于拍频激光激发光电导天线产生和测量 THz 辐射的光谱系统。该系统由拍频激光源、发射器、接收器和 THz 光路等组成,此外还有控制整个系统的控制器和计算机,如图 3.24 所示。各种器件通常通过两种不同的光路相连接,分别传输激光和 THz 波。传输激光的方式有自由空间传播和光纤传播两种,而 THz 波通常在自由空间传播。光纤传输激光的方式可以提高系统的集成度,简化了校准光路的过程,但是相较自由空间传播可能会增大激光功率的损耗。THz 光路可以简单地分为透射式光路和反射式光路,分别用于测量物质的透射系数谱和反射系数谱。本节介绍的连续波 THz 相干频谱仪是 TOPTICA Photonics AG 公司生产的 TeraScan 780。对于我们团队使用的光谱系统,激光传输部分全都是以光纤作为载体,发射器和接收器为两个 THz 光电导天线。

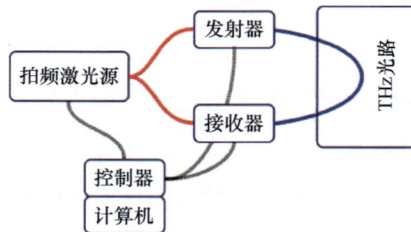

图 3.24　THz-FDS 系统(红色曲线表示激光光路,蓝色曲线表示 THz 光路,灰色曲线表示控制回路)

如图 3.25 所示，透射式 THz-FDS 系统主要由计算机、控制器（DLC Smart，提供偏置电压以及测量放大后的信号）、两个不同中心波长的 DFB 激光器、激光耦合器、两个 THz 光电导天线（发射器和接收器）、THz 光路以及放大器（PDA-S）等组成。两个激光器的中心波长分别为 783 nm 和 785 nm。两个激光器都是通过温度调节频率，从而达到控制 THz 波频率的目的。两束不同频率的激光通过光纤传输到激光耦合器中形成拍频，并且这一束拍频激光被分为两束能量基本相同的信号，经过光纤传输后分别作为发射器和接收器的两个光电导天线。两束拍频信号的功率约为 36 mW，并且具有完全相同的初始相位（从激光耦合器输出端输出）。但是由于连接发射器和接收器的两束光纤长度不同，两个光电导天线接收到的拍频泵浦光的相位（时延）不同，但是它们的差值在同一频率下是固定的。

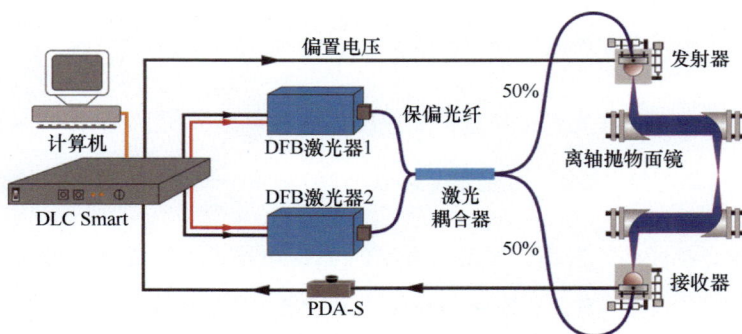

图 3.25　透射式 THz-FDS 系统框图

在外加偏置电压（频率约为 40 kHz）下，发射器便可以发射出 THz 波，THz 波包络受到交流偏置电压调制。附加交流电压的目的是方便之后对纳安级电流的锁相探测，而且采用约 40 kHz 的频率可以在某种程度上减少外部干扰。系统采用的是对数螺旋天线，发射出的 THz 波是圆偏振波。

THz 波传输路径如图 3.25 中发射器和接收器的中间部分所示。总的来说，THz 波是透过样品后再被接收器接收的，因此这种结构被称为透射式探测系统，探测的是样品的 THz 透射系数谱。发射器发射出的 THz 波经过第一个离轴抛物面镜变为准直光，再经过下一个离轴抛物面镜聚焦。经过焦点后，发散的光又被两个离轴抛物面镜准直和聚焦，然后被接收器接收。样品可以放在聚焦光路上，也可以放在准直光路上。在聚焦光路上的 THz 光斑较小，对样品尺寸的要求较低。在准直光路上，光斑较大，所以样品需要具有较大的尺寸。系统中的 THz 信号会受到很多因素的影响，它会受到传播路径中物质吸收和反射的影响。光电导天线的频率响应以及集成在光电导天线上的硅透镜也会影响发射出的 THz 波。这些因素在固定的频率上通常表现为常量，所以可以在实验测量中利用一个参考来消除这些固定的干扰。从 THz-FDS 系统中获得的信号是接收到的 THz 信号和接收器本身光电流信号相干叠加的结果，并不是直接的频谱信息，要想获得频谱信息需要进行额外的数据处理。

一般而言，接收器中的光电流信号可以这样推导：假设拍频信号在激光耦合器输出时相位 $\Delta\varphi=0$，则两束激光在传播一段距离 L 后，相位滞后 $jk_{1(2)}L$，其中 $k_{1(2)}$ 代表激光波数，可以得出拍频信号在传播后滞后的相位（两束激光相位差）。

$$\Delta\varphi_{\text{Beat}} = L(k_1 - k_2) = L\left(\frac{\omega_1}{v_1} - \frac{\omega_2}{v_2}\right) \approx \frac{L}{v}(\omega_1 - \omega_2) = \frac{L}{v}\omega \tag{3.2}$$

式中，v_1 和 v_2 是激光在光纤中传播的相速度，ω_1 和 ω_2 是激光的角频率，ω 为角频率差。由于两束激光频率接近，所以速度可以近似为 $v=\frac{c}{n_{\text{fiber}}}$，$c$ 是真空中的光速，n_{fiber} 是光纤在激光频段的折射率。发射器发射的 THz 电场可以写成如下形式。

$$E_{\text{THz}} = E_b |A_{\text{T}}(\omega)| \cos\left(\omega t - \Delta\varphi_{\text{Beat-T}} + \varphi_{A_{\text{T}}}\right) \tag{3.3}$$

式中，E_b 为比例参数，$|A_{\text{T}}(\omega)|$ 和 $\varphi_{A_{\text{T}}}$ 代表发射器的影响因子，$\Delta\varphi_{\text{Beat-T}}$ 代表激发发射器的拍频激光的相位。从发射器到接收器，THz 波走过的光程为自由空间中的光程和样品（或参考）中的光程之和。最终到达接收器的 THz 电场可以描述为

$$E_{\text{THz}} = E_b a |A_{\text{T}}(\omega)| \cos\left(\omega t + \varphi_{A_{\text{T}}} - \Delta\varphi_{\text{Beat-T}} - \Delta\varphi_{\text{THz}}\right) \tag{3.4}$$

式中，a 代表 THz 波传输过程中的吸收因子，$\Delta\varphi_{\text{THz}}$ 代表 THz 波在传输过程中产生的相位变化。接收器中的光电流信号表示为

$$S(t) = E_b a A_{\text{T}}(\omega) A_{\text{R}}(\omega) \times \cos\left(\omega t + \varphi_{A_{\text{T}}} - \Delta\varphi_{\text{Beat-T}} - \Delta\varphi_{\text{THz}}\right)\cos\left(\omega t + \varphi_{A_{\text{R}}} - \Delta\varphi_{\text{Beat-R}}\right) \tag{3.5}$$

式中，$\Delta\varphi_{\text{Beat-R}}$ 代表激发接收器的拍频激光的相位，$|A_{\text{R}}(\omega)|$ 和 $\varphi_{A_{\text{R}}}$ 代表接收器的影响因子。低频信号部分表示为

$$S'(t) = \frac{1}{2} E_b a \left| A_T(\omega) \right| \left| A_R(\omega) \right| \cos\left(\varphi_{A_T} - \varphi_{A_R} + \Delta\varphi_{\text{Beat-R}} - \Delta\varphi_{\text{Beat-T}} - \Delta\varphi_{\text{THz}} \right) \quad (3.6)$$

这是一个调幅调频余弦信号,入射 THz 波的振幅信息和相位信息都包含在其中,不过入射 THz 波的时间相位 ωt 被去除了,这样就可以通过该调制信号得到想要的信号。以上数据提取是较为复杂的,接下来,将以一个新型 THz 辐射结构作为例子,展示 THz-FDS 系统 TOPTICA 的实际应用。

3.3.2 运用 THz-FDS 实现天线集成的硅等离子体石墨烯亚 THz 发射器

本节介绍 THz-FDS 系统 TOPTICA 的应用实例。光混频技术凭借其超宽带宽和精确可调的优势,已成为产生 THz 波的一项重要技术。但是光混频 THz 发射器依赖于高速光电二极管或光电导体。基于光电导体的光混频 THz 发射器在 1 THz 时已展现出数十微瓦的辐射功率水平。大多数商用光混频 THz 发射器基于高速 III-V 族光电探测器。然而,这些光电探测器可能需要专用的半导体衬底,并且不适合大规模光子集成。基于硅的光混频 THz 发射器由于具有低成本、大规模制造和集成的可能性,受到越来越多的关注。基于此,我们使用大带宽硅等离子体石墨烯(Silicon-Plasmonic Graphene,SPG)光电探测器与宽带圆形领结 THz 天线集成,制造出一款亚 THz 发射器。结果表明,SPG 亚 THz 发射器可发射 50~300 GHz 的亚 THz 波。在仅 3 mW 的输入光功率下,该发射器于 145 GHz 处获得了 5.4 nW 的最大亚 THz 辐射功率。SPG 亚 THz 发射器可通过 CMOS 兼容工艺制造,这为其在各种 THz 应用中提供了机遇[8]。

选择石墨烯的原因是二维材料石墨烯具有超快的载流子迁移率,超过 200 000 $cm^2 \cdot V^{-1} \cdot s^{-1}$ [9],这为石墨烯光电探测器在理论上提供了本征 3 dB 带宽超过 500 GHz 的可能性。同时,基于硅的石墨烯 THz 器件与 CMOS 工艺具有较好兼容性,表明其大规模集成是可行的,这使其在众多应用中极具吸引力。

图 3.26 分别展示了 SPG 亚 THz 发射器的扫描电子显微镜(Scanning Electron Microscope,SEM)图像和 SPG 光电探测器的 SEM 图像。SPG 光电探测器由覆盖有单层石墨烯的等离子体槽波导(Plasma Slot Waveguide,PSW)构成。PSW 的厚

度为 90 nm，宽度为 100 nm，长度为 15 μm。更窄的槽可提供更大的石墨烯吸收率。当石墨烯长度为 15 μm 时，光电探测器的吸收率将达到 0.96。由于 PSW 尺寸超紧凑，光可以被限制在其中，这增强了光与石墨烯之间的相互作用。

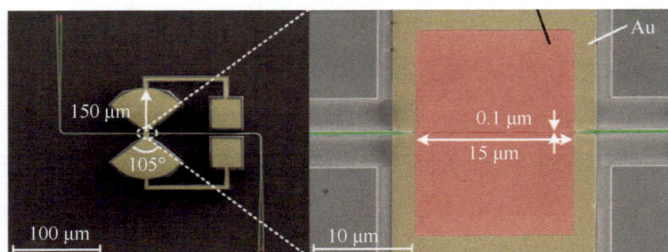

图 3.26　SPG 亚 THz 发射器的 SEM 图像（左）和 SPG 光电探测器的 SEM 图像（右）

我们使用 Lumerical FDTD 软件对 SPG 光电探测器进行了光学模拟分析。图 3.27 展示了石墨烯层横截面的模拟光功率分布。可以看出，PSW 区域的光功率比传统波导区域的大 10 倍左右。在光混频 THz 发射器中，两束光混合后作为输入进入 SPG 光电探测器，它们之间的频率差固定在 THz 频率区间。因此，混合光的光功率基于 THz 调制频率交替变化。光被石墨烯吸收并产生交替的电子-空穴对后，大多数光生载流子集中在 PSW 区域。在外部施加偏置电压的电场的驱动下，电子-空穴对分离并向相反方向移动。得益于 PSW 的 100 nm 宽度和石墨烯的超快载流子迁移率，载流子的短渡越时间赋予了光电探测器 THz 频率带宽，这使得 SPG 光电探测器成为产生 THz 波的理想选择。最后，金属天线由光生载流子形成的光电流驱动并产生 THz 辐射。

对于天线设计，采用超紧凑尺寸的圆形领结天线以实现垂直和宽带 THz 辐射[10]。领结天线由两个对称的扇形组成，半径为 150 μm，中心角为 105°。图 3.27 显示了设计的领结天线在不同频率下的模拟远场辐射方向。辐射集中在垂直于天线平面的方向。随着工作频率的增加，衬底方向的辐射强度变得比空气方向的更强。这种强度差异主要由 725 μm 厚的硅衬底导致。由于硅衬底具有较大的介电常数，从而具有较大的折射率，亚 THz 波更容易被限制在该衬底内。这种限制在 100 GHz 时较弱，在 200 GHz 和 300 GHz 时较强。模拟结果表明，如果采用此处的条件，从衬底方向可以获得更强的亚 THz 辐射功率。此外，具有特定半径和中心角的结构设计适合在 300 GHz 以下频段工作。这主要是因为需要考虑 SPG 光电探测器的带宽以及由大气衰减决定的 THz 工作窗口。

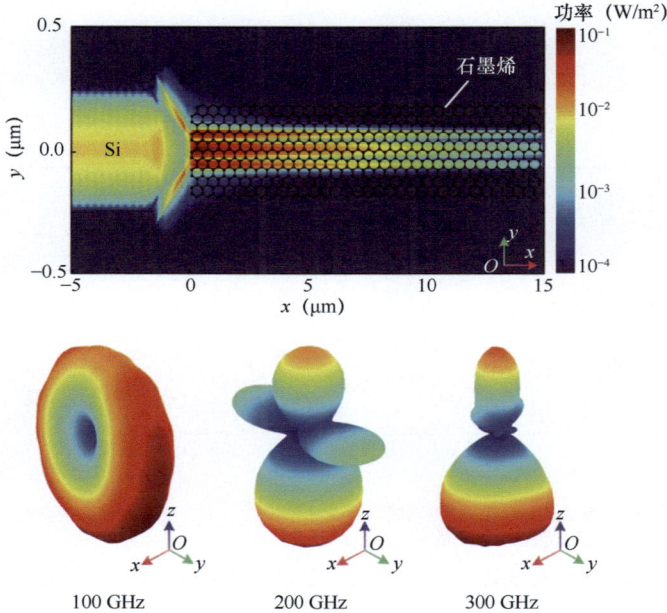

图 3.27　石墨烯层横截面的模拟光功率分布

设计完成之后，为了确定器件的合适工作条件，对不带天线的 SPG 光电探测器的基本光电性能进行了初步表征。图 3.28（a）所示为实验装置。借助接地信号（Ground Signal，GS）射频（Radio Frequency，RF）探针，测量了 SPG 光电探测器的静态光电响应。图 3.28（b）所示为不同输入光功率下，SPG 光电探测器的暗电流和净光电流随偏置电压变化的曲线。$I-V$ 曲线表明，在 0.6 V 偏置电压下，暗电流约为 10 mA，这意味着 SPG 光电探测器的阻抗约为 60 Ω。由于光电导效应，SPG 光电探测器的光电流随着施加的偏置电压的增加而增大。在输入光功率为 1 mW、偏置电压为 0.4 V 时，SPG 光电探测器的最大响应为 0.15 A/W。随着光功率的增大，SPG 光电探测器的响应在输入光功率为 3.5 mW 时出现饱和，这源于焦耳热导致载流子复合概率增加[11]。

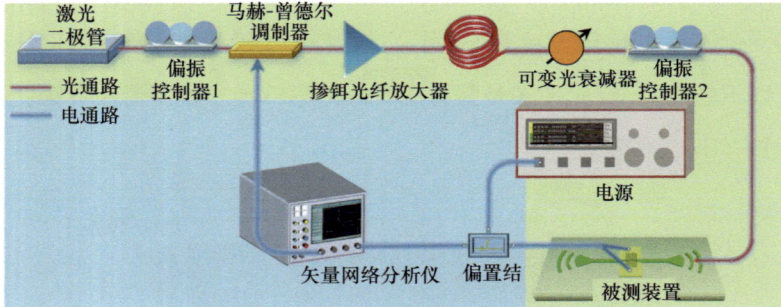

(a) 实验装置

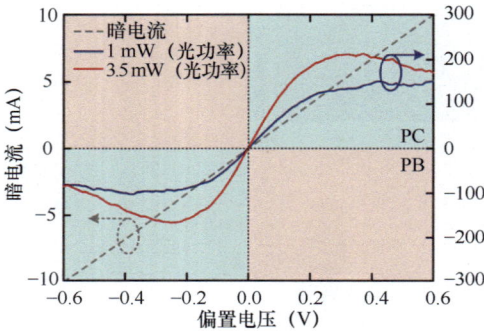

(b) 不同输入光功率下，SPG 光电探测器的
暗电流和净光电流随偏置电压变化的曲线

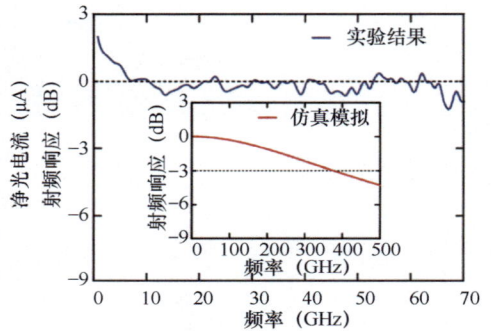

(c) 光电探测器带宽的仿真与实验结果

图 3.28　不带天线的 SPG 光电探测器实验装置与光电性能表征结果

　　接着，对 SPG 光电探测器的射频带宽性能进行了表征。一方面，考虑到超紧凑的
PSW 结构和石墨烯的超快载流子迁移率，我们使用 Lumerical Device 模拟了 SPG 光电
探测器的理论带宽，此软件是一个基于物理的电学模拟工具。在我们建立的模型中，
石墨烯中的光生载流子寿命取自文献，约为 2 ps。从图 3.28（c）所示的插图可以看出，
在 0.4 V 偏置电压下，SPG 光电探测器的模拟 3 dB 带宽为 375 GHz。另一方面，使用
矢量网络分析仪对小信号进行了测量。图 3.28（c）中的蓝线表明，SPG 光电探测器的
3 dB 带宽远远超过 70 GHz。频率高于 70 GHz 时的进一步测量受到实验装置的限制。
仿真与实验结果的一致性表明，SPG 光电探测器的带宽延伸至亚 THz 区域。

　　SPG 亚 THz 发射器的亚 THz 辐射性能通过 TOPTICA 系统进行表征。如图 3.29
（a）所示，该实验装置由两个 DFB 激光器、一根保偏光纤（Polarization Maintaining
Fiber，PMF）、一个 InGaAs-THz 光混频接收器（TOPTICA EK 000725，以下简称 Rx）、

一个锁相放大器和一个系统智能控制器等组成。两个 DFB 激光器产生两束波长约为 1.55 μm 的连续光，它们的频率差在 THz 频段为 $f_{THz} = |f_a - f_b|$。这个频率差可以由系统智能控制器精确控制，分辨率为 10 MHz。两束连续光混合后通过光纤分束器分成两部分。一部分光（辐射功率为 P_{Tx}）传输到 SPG 亚 THz 发射器用于信号发射；另一部分光（接收功率为 P_{Rx}）传输到 Rx 用于 THz 信号检测并相干变频为基带电流（I_{Rx}）。电流 I_{Rx} 与 THz 电场 E_{THz} 的振幅、P_{Rx} 以及 THz 波与光拍频之间的相位差 $\Delta\Theta$ 的余弦值成正比。由于亚 THz 辐射功率较弱，使用锁相放大器放大光电流，以便智能控制器能够识别和分析。所有光纤均为保偏光纤，以保证光的相位稳定性。SPG 亚 THz 发射器基于裸芯片进行测量。此外，由于测量条件的限制，Rx 必须从空气方向检测亚 THz 波。因此，我们使用三维平移台将 Rx 悬挂在 SPG 亚 THz 发射器上方 6.5 cm 处。三维平移台可以在一定范围内调节 Rx 的高度和水平距离，以提供最佳检测位置。

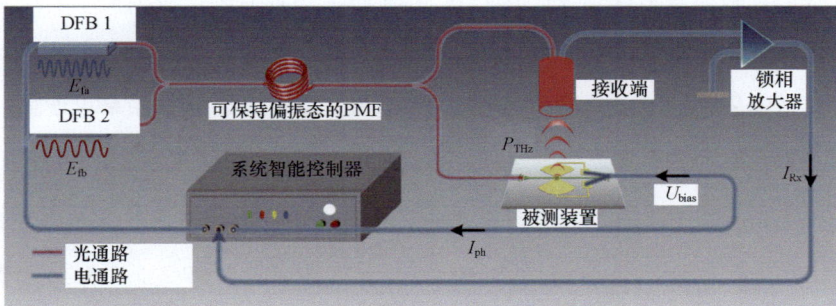

(a) 实验装置

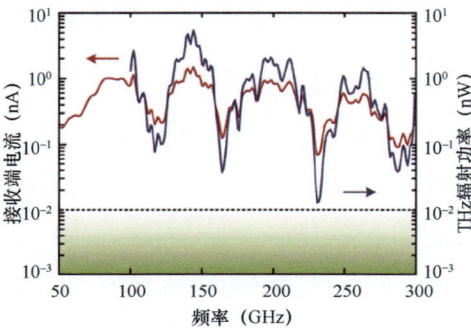

(b) THz辐射功率与接收端电流随频率变化的曲线　　(c) 天线S21参数和接收端电流随频率变化的曲线

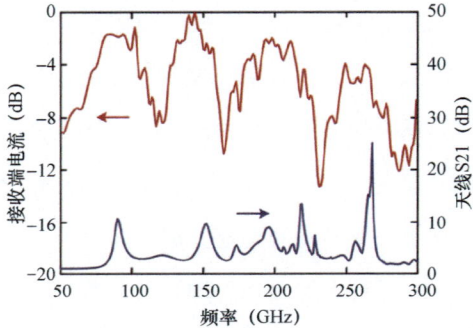

图 3.29　TOPTICA 系统实验装置与实验表征结果

图 3.29（b）显示了测量的 Rx 平均电流（I_{Rx}）光谱和估计的亚 THz 辐射功率 P_{THz} 光谱。亚 THz 发射光谱覆盖范围为 50～300 GHz。Rx 平均电流光谱显示检测电流的范围为 0.1～1.5 nA，在 145 GHz 频率处的峰值电流为 1.5 nA。图 3.29（b）中的水平虚线表示 Rx 的噪声水平为 10 pA。我们将 I_{Rx} 转换为 P_{THz}，以便更直观地表征 SPG 亚 THz 发射器的发射能力。首先，从参考文献中获得 Rx 的转换因子 $\Gamma = I_{Rx}/\sqrt{P_{THz,Rx}}$。由于可用的转换因子在 100 GHz 以上，我们仅计算 100～300 GHz 的亚 THz 发射光谱。在考虑了 6.5 cm 的辐射距离、10 mm 的 Rx 直径以及 50° 的平均辐射角后，我们估计空气中的总辐射功率 P_{THz} 是入射到 Rx 上的功率 $P_{THz,Rx}$ 的 37 倍。尽管转换因子与频率有关，但 P_{THz} 的趋势与 I_{Rx} 的相似，存在一些偏差。由此在 145 GHz 处获得了 5.4 nW 的最大亚 THz 辐射功率。图 3.29（b）还清楚地显示存在几个强辐射区域，这些是由圆形领结天线结构的辐射特性引起的。同时，我们还探究了天线对 300 GHz 以下辐射频率的影响。假设天线为无损耗网络，模拟了圆形领结天线的辐射光谱 S21 参数。通过图 3.29（c）可以看出，实验中几个强亚 THz 辐射带与模拟结果中的辐射带重叠。在实验和模拟结果中，强辐射带的亚 THz 辐射功率相比弱辐射带的增强了约 10 dB。排除天线的影响后，这些结果也证实了 SPG 光电探测器具有超大带宽。

迄今为止，基于硅的 THz 器件因其硅衬底成本低廉和 CMOS 工艺兼容性而极具吸引力。作为概念验证，通过简单的石墨烯转移工艺制造的 SPG 亚 THz 发射器实现了与现有器件相当的辐射性能，并证明了其用于亚 THz 辐射的可行性。然而，仍有一些方面可以改进。在此，我们分析、总结了一些可以提高 SPG 亚 THz 发射器性能的方法。首先，亚 THz 辐射功率处于纳瓦量级，这受到实验条件的限制。亚 THz 辐射是从空气方向接收的，这意味着只有一小部分亚 THz 辐射功率被收集。因此，在衬底方向集成硅透镜将有助于极大限度地聚焦发射的亚 THz 辐射功率。即使在一些极端情况下，如芯片间互连，也可以使用基于超表面的金属透镜来实现这种聚焦。其次，由于光栅耦合器存在 8 dB 的光损耗，SPG 光电探测器内的实际有效光功率仅为 3 mW。因此，采用低损耗光栅耦合器可能会实现更强的亚 THz 辐射功率。除此之外，针对 THz 辐射频段，需要精心设计天线结构。还有许多其他类型的天线可供选择，如偶极天线、四叶草天线、对数周期天线和对数螺旋天线等。最后，使用阵列式 SPG 亚 THz 发射器是进一步增强 THz 辐射功率并实现波束控制的一种有前景的方法。综合采用这些方法中的部分或全部，应该会使 SPG 亚 THz 发射器实现更好的性能。

3.4　本章小结

本章全面、深入地探讨了 THz 发射光谱的相关实验技术，详细介绍了脉冲式 THz 波和连续式 THz 波产生与探测的实验原理与装置。这些技术不仅涵盖了从飞秒激光器到探测模块的各个环节，还深入探讨了各个部分的优化和协同工作，以实现高信噪比的 THz 辐射信号的产生和探测。通过这些先进的实验技术，我们能够精确地捕捉飞秒激光与材料相互作用的超快 THz 动力学过程，为深入理解材料的物理、化学和生物特性提供了强大的工具。

参考文献

[1] STRICKLAND D, MOUROU G. Compression of amplified chirped optical pulses[J]. Optics Communications, 1985, 55(6): 447-449.

[2] ZHANG B L, MA Z Z, MA J L, et al. 1.4－mJ high energy terahertz radiation from lithium niobates[J]. Laser & Photonics Reviews, 2021, 15(3): 2000295.

[3] WANG B, SHAN S Y, WU X J, et al. Picosecond nonlinear spintronic dynamics investigated by terahertz emission spectroscopy[J]. Applied Physics Letters, 2019, 115(12): 121104.

[4] LIU S J, REN Z J, CHEN P, et al. External-magnetic-field-free spintronic terahertz strong-field emitter[J]. Ultrafast Science, 2024(4): 0060.

[5] VAN EXTER M, FATTINGER C, GRISCHKOWSKY D. High-brightness terahertz beams characterized with an ultrafast detector[J]. Applied Physics Letters, 1989, 55(4): 337-339.

[6] LIN H C, UEN T M, LIU C K, et al. Growth and properties of submillimeter single grain $Tl_2Ba_2Ca_2Cu_3O_{10+x}$ superconducting thin films[J]. Applied Physics Letters, 1995, 67(14): 2084-2086.

[7] GENG C Y, SU Y C, KONG D Y, et al. Zeeman torque sampling of intense terahertz magnetic field in CoFe[J]. Optics Letters, 2024, 49(16): 4589.

[8] JIANG Z B, WANG Y L, CHEN L, et al. Antenna-integrated silicon–plasmonic graphene sub-terahertz emitter[J]. APL Photonics, 2021, 6(6).

[9] BOLOTIN K I, SIKES K, JIANG Z, et al. Ultrahigh electron mobility in suspended graphene[J]. Solid State Communications, 2008, 146(9-10): 351-355.

[10] BAUER M, RÄMER A, CHEVTCHENKO S A, et al. A high-sensitivity AlGaN/GaN HEMT terahertz detector with integrated broadband bow-tie antenna[J]. IEEE Transactions on Terahertz Science and Technology, 2019, 9(4): 430-444.

[11] WANG Y L, ZHANG Y, JIANG Z B, et al. 128 Gbps NRZ and 224 Gbps PAM-4 signals reception in graphene plasmonic PDM receiver[C]//2020 Optical Fiber Communications Conference and Exhibition (OFC). 2020: 1-3.

第 4 章　Ⅲ-Ⅴ族半导体驱动 THz 辐射

前面 3 章主要介绍了光学泵浦产生 THz 辐射的物理机理和实验技术，讲述了半导体 THz 发射光谱的发展，本章将展示Ⅲ-Ⅴ族半导体在无偏置电场驱动下的 THz 辐射过程。Ⅲ-Ⅴ族半导体是常见的 THz 辐射材料，因此，我们对该材料的 THz 辐射调控做了很多的研究。其中，最常用的材料是 GaAs。

4.1　薄膜调控 GaAs 辐射 THz 波

GaAs 作为Ⅲ-Ⅴ族半导体中常用的 THz 辐射材料，在不同晶体取向、泵浦光强度、表面条件等因素下，THz 辐射机制会有所不同[1-3]。例如，对于 GaAs(100)晶体，在泵浦光垂直入射时，光学整流和光生电流发射机制均被禁止。但在激光斜入射情况下，这两种机制会互相竞争。此外，通过改变 GaAs 表面来提高 THz 辐射效率的相关研究进展也表明，采用表面覆盖无机分子、有机分子或纳米结构等方法可以有效提升 THz 辐射效率。为了研究金属薄膜对 GaAs 的调控，我们在实验中使用了 Au 薄膜涂层与 Cr 薄膜，并研究了不同入射条件下的 THz 辐射情况。尽管这些薄膜的增强机制尚未明确，但这也为调控 GaAs 驱动 THz 辐射提供了新的研究方向[4]。

实验中，我们选择了半绝缘 GaAs(100)表面，通过磁控溅射技术在其上覆盖了不同厚度（3～21 nm）的 Au 薄膜，同时通过控制溅射电流和时间来精确调控 Au 薄膜的厚度。为了进行对比，还制备了未覆盖 Au 薄膜的原始 GaAs 表面样品以及覆盖了 Cr 薄膜（约 8 nm 厚）的样品。此外，还制备了生长在硅片和石英玻璃上的不同厚度（5 nm、10 nm、15 nm）的 Au 薄膜样品作为对照，以排除加速自由光电子诱导 THz 辐射对实验的影响。利用 SEM 和原子力显微镜（Atomic Force Microscope，AFM）对金属涂层的形貌进行了表征。实验结果如图 4.1 所示，较薄（如 3 nm 和 5nm 厚）的 Au 薄膜由 Au 团簇组成，并显示出一些裂纹。随着 Au 薄膜厚度增加到 8 nm 和 21 nm，Au 的沉积密度和裂纹也相应增加，形成了整体的渗透图案。这种形貌对 THz 发射器来说具有双重影响，一方面可能对其应用造成影响，但另一方面有利于 THz 辐射。

(a) 厚度为3 nm

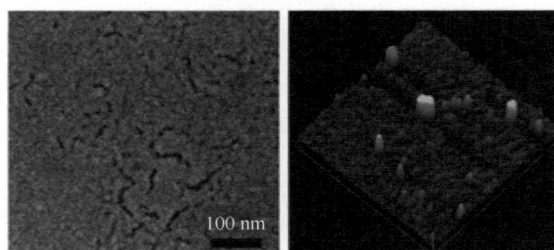

(b) 厚度为5 nm

(c) 厚度为8 nm

(d) 厚度为21 nm

图 4.1　不同厚度 Au 薄膜在 GaAs(100)表面的形貌

在泵浦光垂直入射条件下，从覆盖 Au 薄膜的 GaAs(100)表面观察到了异常的 THz 辐射。即使在激发激光垂直入射时，也能检测到明显的单周期 THz 辐射信号，而未覆盖 Au 薄膜的原始 GaAs 表面则没有明显信号。这一现象表明，粗糙的 Au 薄膜能够使与 GaAs(100)表面平行的辐射偶极子显著增加，从而产生 THz 辐射。研究推测，这可能与 Au 薄膜中裂纹之间的间隙有关，这些间隙在激光激发下诱导产生了与薄膜表面平行的内禀载流子浓度梯度。

图 4.2 展示了在激光垂直入射条件下，覆盖了 8 nm Au 薄膜的 GaAs(100)表面的 THz 时域波形。从图中可以看出，覆盖 Au 薄膜的样品（红色圆圈）中检测到了明显的单周期 THz 辐射信号，而未覆盖 Au 薄膜的原始表面（黑色方块）则没有明显信号。

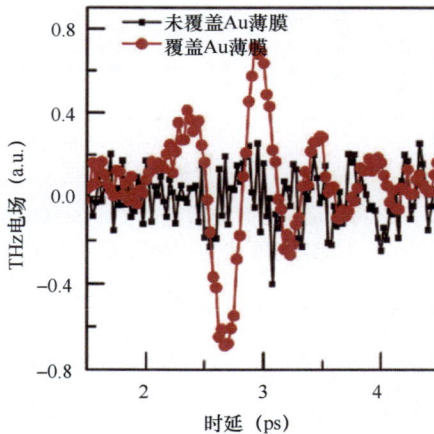

图 4.2　覆盖 8 nm Au 薄膜的 GaAs 表面的 THz 时域波形

实验还发现，随着激光激发强度的增强，THz 电场强度的峰值先增加，当入射强度达到约 $9\,\mu J\,/\,cm^2$ 时饱和，随后随着入射强度的进一步增大而减小。这一现象与光生载流子的电磁屏蔽效应以及载流子浓度梯度的变化有关。随着激发强度的增强，产生的载流子数目增多，导致电磁屏蔽效应增强和载流子浓度梯度减小，进而使得 THz 电场强度出现先饱和后减小的过程。

对于所有样品，在 Au 薄膜厚度从 3 nm 变化到 21 nm 的过程中，激光斜入射（最大可测量角度为 50°）总是导致 THz 辐射增强。在所有入射角度下，随着 Au 薄膜厚度的增加，辐射的 THz 电场强度先增大后减小，且在厚度约为 8 nm 时达到最大值。这一结果与光学整流和光电导机制的模型不符，表明存在其他影响因素。图 4.3 展示了不同入射角度下，不同厚度 Au 薄膜覆盖的 GaAs(100)表面发射的 THz 信号的峰值与厚度的依赖关系。

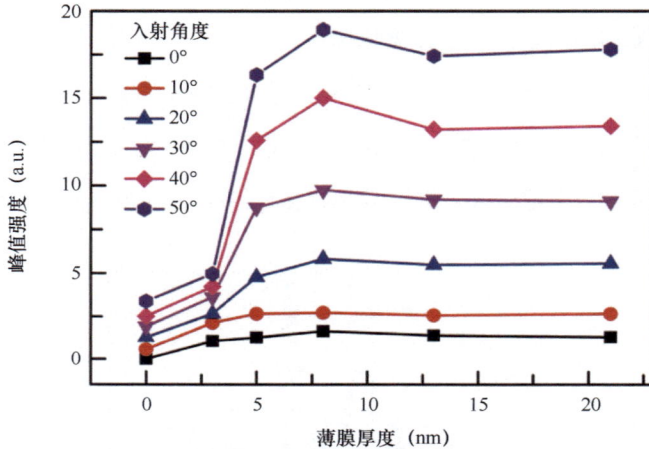

图 4.3　不同入射角度下，不同厚度 Au 薄膜覆盖的 GaAs(100)表面发射的 THz 信号的峰值与厚度的依赖关系

　　与覆盖 Au 薄膜相比，覆盖 Cr 薄膜的 GaAs 在正常入射条件下没有可检测的 THz 辐射。在斜入射条件下，Au/GaAs 和 Cr/GaAs 的 THz 辐射强度都比未覆盖的原始表面的强得多。在 50°入射角下，Au/GaAs 的 THz 辐射强度大约是未覆盖表面的 4 倍，而 Cr/GaAs 则大约是两倍。图 4.4 展示了不同入射角度下，覆盖 8 nm Au 薄膜和 8 nm Cr 薄膜的 GaAs(100)表面的 THz 时域波形。从图中可以看出，覆盖 Au 薄膜的样品和覆盖 Cr 薄膜的样品的 THz 峰值强度都比未覆盖的原始表面的强得多，且峰的极性发生了变化。

　　此外，与原始表面相比，含这两种金属薄膜的样品辐射的 THz 电场的极性发生了翻转，且含金属薄膜的样品的光谱比原始表面的光谱要宽得多。这些现象表明，表面等离子体在增强 THz 辐射信号中可能发挥了重要作用。由于 Cr 不是表面等离子体激发的良好选择，而在正常入射条件下的 Au/GaAs 中也能观察到 THz 波，且对照样品（生长在硅片和石英玻璃上的 Au 薄膜样品）中未检测到 THz 信号，因此可以排除自由电子发射机制对 THz 辐射信号的贡献。研究推测，Au 薄膜中的裂纹为表面等离子体的激发提供了动量匹配，且这些裂纹处的局域场增强效应可能增强了 THz 辐射信号。图 4.5 展示了基于 AFM 得到的样品形貌的表面局域场的数值模拟结果。从图中可以看出，Au/GaAs 表面存在大量热点。这些热点处的电场强度很大，能够快速诱导光生载流子分离，从而导致 THz 辐射信号增强。

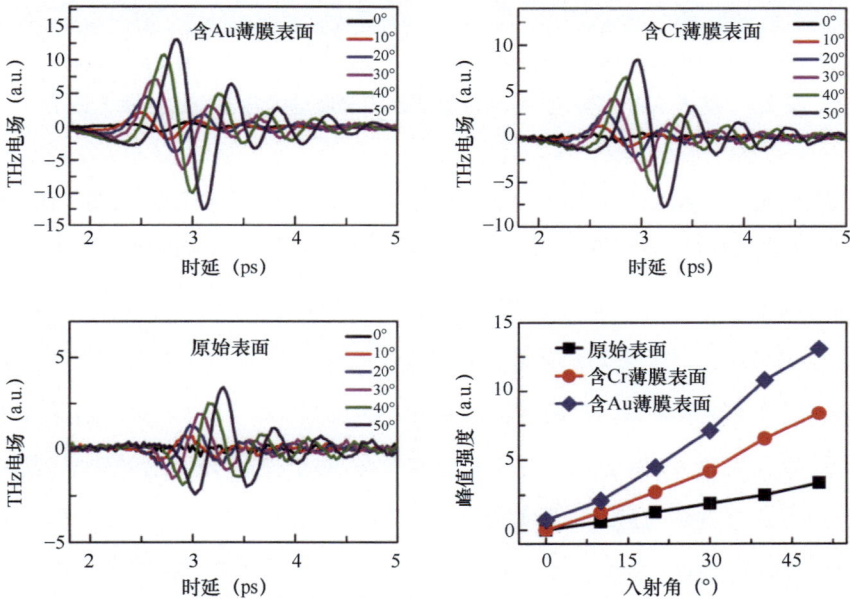

图 4.4　不同入射角度下，覆盖 8 nm Au 薄膜和 8 nm Cr 薄膜的 GaAs(100)表面的 THz 时域波形

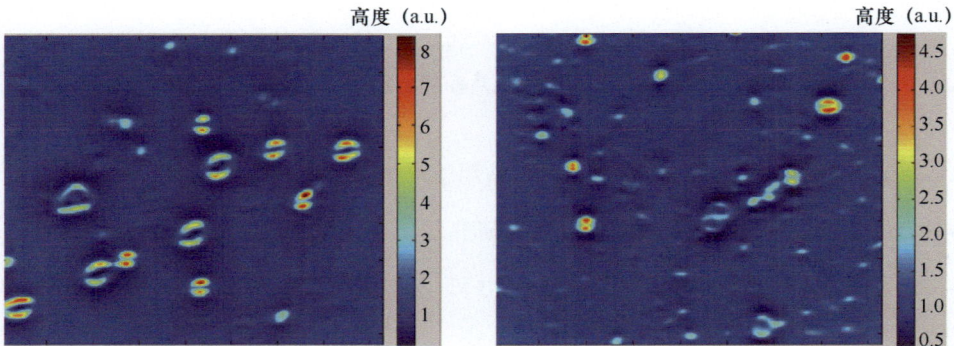

(a) Au薄膜厚度为3 nm

(b) Au薄膜厚度为5 nm

图 4.5　基于 AFM 得到的样品形貌的表面局域场的数值模拟结果

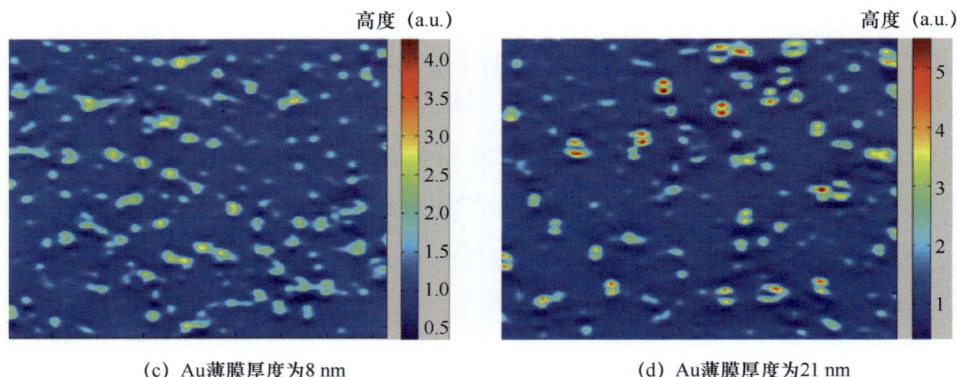

高度（a.u.）

高度（a.u.）

(c) Au薄膜厚度为8 nm　　　　　　　　　(d) Au薄膜厚度为21 nm

图 4.5　基于 AFM 得到的样品形貌的表面局域场的数值模拟结果（续）

　　综上所述，从覆盖不同厚度 Au 薄膜的 GaAs(100)表面测量得到的 THz 辐射结果表明，THz 辐射主要归因于 Au 薄膜中裂纹的非均匀性导致的横向光生电流，以及表面等离子体辅助的 THz 辐射增强作用。通过与覆盖 Cr 薄膜的 GaAs 表面的弱发射进行对比，进一步证实了表面等离子体在增强 THz 辐射中的关键作用。研究表明，通过基于 Au 薄膜的纳米结构，有望进一步提高 THz 辐射效率，以及利用表面等离子体效应控制 Au 薄膜在半导体表面的形态，对于提高 THz 辐射效率、发展 THz 光电子技术具有重要的意义。整体而言，这项研究通过系统的实验和分析，深入探讨了 Au 薄膜对 GaAs(100)表面 THz 辐射的影响机制，揭示了表面等离子体发挥的关键作用，并为未来设计出更高效、更可控的 THz 发射器件提供了重要的理论依据和实验指导。

4.2　十八硫醇钝化半绝缘 GaAs 表面的 THz 辐射特性

　　如前文所述，虽然Ⅲ-Ⅴ族半导体常被用于产生 THz 辐射，但是 GaAs 相比半导体 Si，表面容易氧化。因此我们需要深入研究 GaAs 的氧化层以及 GaAs 防护对 THz 辐射的影响[5]。一般而言，对于 GaAs 的防护是对其表面使用钝化剂，防止空气与其表面接触。

　　本节研究不同表面条件下，即有氧化层、无氧化层和十八硫醇[ODT，$CH_3(CH_2)_{17}SH$]

钝化条件下，半绝缘 GaAs（SI-GaAs）(100)表面的 THz 辐射情况。研究表明，GaAs 表面的氧化主要使低频区域的 THz 振幅下降，ODT 在稳定 GaAs 表面的同时，能够提高 THz 表面辐射效率。

本实验中，研究人员使用双面抛光的 SI-GaAs，沿(001)面切割。样品尺寸约为 1.0 cm×1.5 cm。为了获得 GaAs 的无氧化表面，将样品浸入高浓度氨水（水中含质量分数为 28%的 NH_4OH）中 25 min，然后用乙醇冲洗，再用氮气流吹干。

将 ODT 溶解在无水乙醇中，制备 ODT 溶液。为了用 ODT 钝化样品表面，将按照上述步骤制备的无氧化表面的样品浸入 9 ml ODT 溶液和 1 ml 氨水（水中含质量分数为 3%的 NH_4OH）混合而成的液体中，在室温下浸泡 18 h。同样，最后用乙醇冲洗样品，然后用氮气流吹干。按照这些步骤，样品可以被自组装的 ODT 分子单分子层有效地钝化。一般而言，我们采用接触角测量方法来验证 ODT 在 GaAs 表面的存在。分别将一滴水（约 8 mg）滴在普通无氧化表面和 ODT 钝化表面。如图 4.6 所示，无氧化表面的接触角估计为 82.9°，吸附 ODT 分子后接触角增大到 93.2°左右。这 10.3°的差异是 ODT 引起的表面疏水性变化，这一结果与之前发表的论文[6]相符。

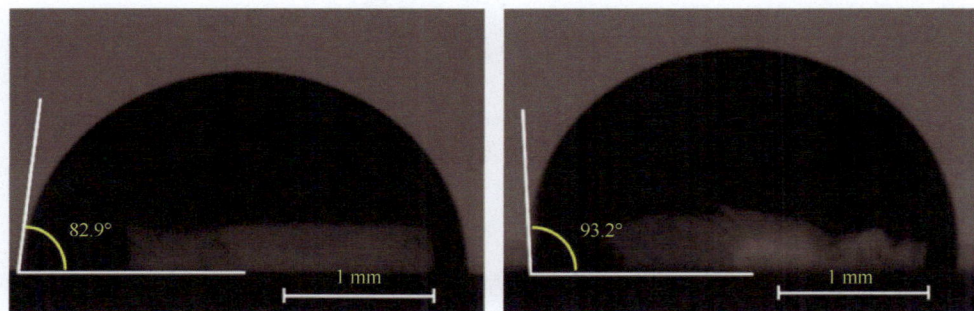

(a) 普通无氧化表面的水滴光学图像　　　　(b) ODT钝化表面的水滴光学图像

图 4.6　不同表面的水滴光学图像

此实验在泵浦光入射角可调的 THz 时域发射光谱系统上进行，该系统的光路如图 4.7 所示。一束 p 偏振飞秒激光（脉冲宽度为 70 fs，中心波长为 800 nm，重复频率为 80 MHz，平均功率为 350 mW）聚焦到样品表面，发射的 THz 信号由离轴抛物面镜 P1 收集，P1 安装在旋转台上，以保证可以进行旋转测试，并向上传输到反射镜 M1。反射镜 M1～M5 将 THz 波传输到第二个离轴抛物面镜 P2，P2 进一步将 THz 辐射信号通过高阻硅片引导至 ZnTe 探测晶体上。用于电光取样的探测光（波长为 800 nm）被反射镜 M6 转至高阻硅片的另一侧，使其与 THz 光束共线到达 ZnTe 探测器。激发激光的入射角变化范围为 10°～75°，精度为 0.03°。样品到探测晶体的光路中充满了干燥氮气，以消除空气中水蒸气带来的影响。

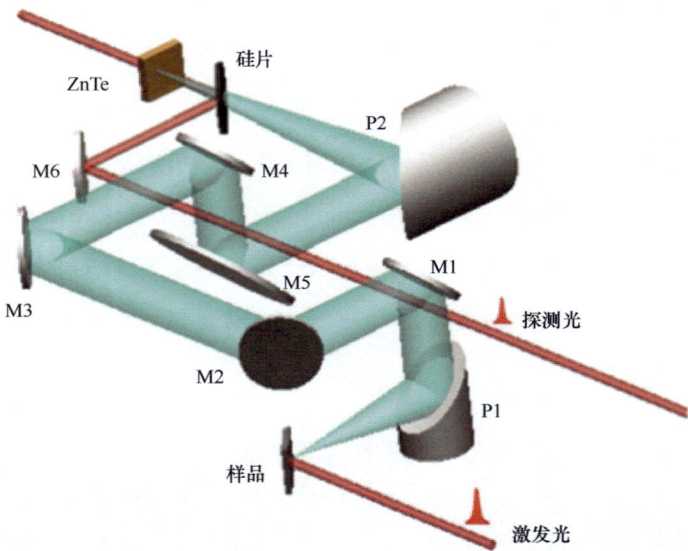

图 4.7　THz 时域发射光谱系统光路

由于 THz 辐射过程涉及二阶非线性效应引起的光学整流效应，飞秒激光脉冲照射 GaAs 表面产生的 THz 辐射具有很强的方位角依赖性。图 4.8 展示了 SI-GaAs 氧化表面的 THz 辐射信号的峰值与方位角的关系，峰值在入射角为 70°时获得。显然，光学整流对 THz 辐射的贡献在 360°入射角范围内呈现二重对称性。通过图 4.8 中曲线的峰谷差值与最小值的比值估算，光学整流的最大贡献比 GaAs(100)中的总 THz 辐射贡献大 5%。为了在后面的进一步测量中尽量减小光学整流的贡献，我们将晶体取向固定在图 4.8 所示曲线谷值对应的方位角处，这样可以抑制二阶非线性效应产生的 THz 辐射。在这种情况下，表面改性对 THz 辐射的影响可以更加突出。图 4.9（a）展示了在激光入射角固定为 70° 时，氧化表面、普通无氧化表面和 ODT 钝化的 GaAs 表面的 THz 时域波形。与氧化表面样品相比，普通无氧化表面样品的 THz 辐射强度几乎增大了一倍。这表明去除 GaAs 表面的氧化层可以增大 THz 辐射强度，这是内建电场增强的缘故。

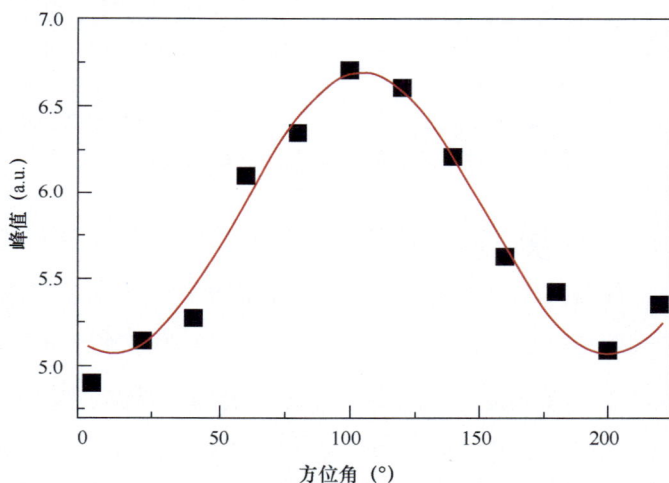

图 4.8　SI-GaAs 氧化表面的 THz 辐射信号的峰值与方位角的关系

ODT 是一种有效的 GaAs 表面钝化剂，钝化机制比其他钝化物质的钝化机制更清晰。当 GaAs 的无氧化表面被 ODT 分子钝化时，THz 辐射强度仅降低约 10%，如图 4.9（a）中所示。可能的原因是 ODT 层中诱导的偶极子减弱了钝化表面的能带弯曲程度，在一定程度上降低了耗尽区的内建电场强度。值得注意的是，ODT 钝化的 GaAs 表面的化学活性很低，在空气中表现出良好的稳定性。通过测量暴露在空气环境中约 1 h 和约 6 h 的钝化样品的 THz 辐射情况，我们发现样品表面在 1 h 内已经稳定，这两个样品的 THz 辐射程度相当。这些稳定的 ODT 钝化样品的 THz 辐射强度虽然仅为普通无氧化表面的 80% 左右，但仍然是氧化表面的 1.4 倍。图 4.9（b）展示了图 4.9（a）中 THz 时域波形对应的频谱。实验结果表明 GaAs 表面的氧化主要在低频区域降低 THz 辐射强度。

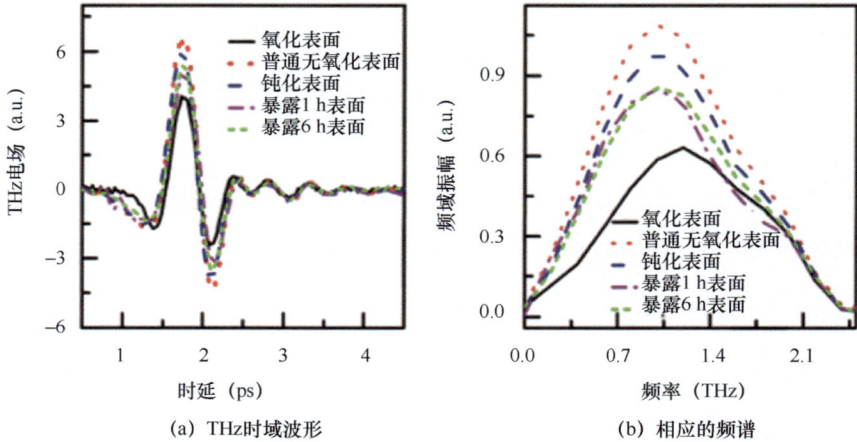

(a) THz 时域波形　　　　　(b) 相应的频谱

图 4.9　在不同表面条件下的 THz 辐射信号

　　为了进一步评估 ODT 层中的偶极子对 GaAs 表面的 THz 辐射的影响，测量了辐射强度随入射角的变化，并与其他两种表面条件下的测量结果进行了比较（见图 4.10）。结果发现对于所有改性表面，THz 辐射信号在入射角较大时较强，表明与角度相关的 THz 辐射与光生载流子形成的辐射偶极子浓度、光生载流子浓度以及 THz 波通过半导体时的界面传输系数有关。GaAs 在入射角接近布儒斯特角（约 75°）处呈现最大 THz 辐射信号。对于所有入射角，无氧化表面时 THz 辐射信号急剧增加，而 ODT 结合到清洁表面时的 THz 辐射信号则明显降低，如图 4.9 中 70°入射角的测量结果所示。图 4.10（b）展示了相对调制比（定义为 $\delta A / A$）随入射角的变化规律。对于 ODT 钝化表面，$\delta A = A_{fresh} - A_{ODT}$；对于氧化表面，$\delta A = A_{fresh} - A_{OXD}$。$A_{fresh}$、$A_{ODT}$、$A_{OXD}$ 分别表示普通无氧化表面、ODT 钝化表面（暴露在空气环境中 6 h）和氧化表面的峰值信号。显然，氧化引起的调制对入射角不敏感，证实了氧化层的各向同性响应。然而，在给定范围内，ODT 钝化引起的调制比随着入射角的增加从 42%线性下降到 23%。先前关于 ODT 在 GaAs 表面吸附的研究显示，ODT 分子的稳定排列方向相对于表面法线倾斜 14°。由于存在倾斜的 ODT 分子，在 GaAs 表面形成的分子偶极子不仅会由于耗尽层中能带弯曲的变化而改变 GaAs 表面的光电性质，还会与光生载流子形成的 THz 辐射偶极子相互作用从而改变 THz 辐射模式。因此，GaAs 的 THz 辐射模式以及光电性质可能会受 ODT 单分子层的影响，导致 THz 辐射强度被入射角调制。ODT 层中的这种分子偶极取向可以合理地解释观察到的 ODT 钝化表面 THz 辐射信号的入射角依赖性。

众所周知，GaAs 是一种宽带隙半导体（ $E_g = 1.52$ V），在不是非常强的激光激发下，它的 THz 辐射主要归因于垂直于表面的内建电场驱动的光生载流子漂移电流，可描述为 $E_{THz}(t) \propto E_{builtin} n_p(t)/\tau$，其中 E_{THz} 是 THz 电场强度， $E_{builtin}$ 是内建电场强度， $n_p(t)$ 是载流子数目， τ（约 1 ps）是载流子寿命[7]。增强 THz 辐射的有效策略是调制半导体表面的电子态。引入表面粗糙度等物理改性策略对于增强 THz 辐射非常有效。例如，已证明 ZnSe 表面的激光烧蚀纳米结构和多孔 InP 膜可增强 THz 辐射。增强 THz 辐射的一种更有效的策略是增强局部场，从而产生更多的光生载流子。相比之下，化学表面改性通常更简单、灵活且成本更低。当去除氧化层时，改变表面化学性质时会同时改变内建电场和光生载流子的产生效率，进而改变样品表面 THz 辐射特征。通过分析 THz 辐射信息，如极性、振幅和相位，当 THz 辐射特征与分子吸附剂特征之间的关系能够很好地建立时，就可以识别吸附到源表面的分子。ODT 分子可以通过硫醇-GaAs 共价键在 GaAs 表面形成自组装单分子层，ODT 分子的另一端可作为其他感兴趣的生物分子的吸附位点。因此，THz 表面发射光谱也有望成为检测分子的潜在工具。

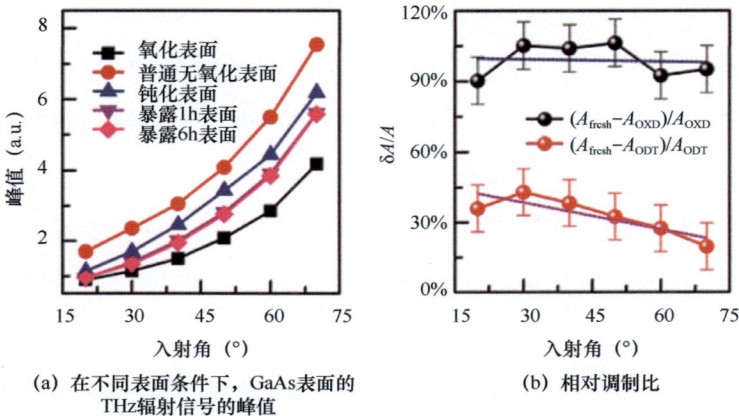

(a) 在不同表面条件下，GaAs表面的
THz辐射信号的峰值

(b) 相对调制比

图 4.10　不同表面的 THz 辐射信号的角度依赖关系

4.3　本章小结

本章主要介绍了Ⅲ-Ⅴ族半导体 GaAs 驱动 THz 辐射的过程，探究了 Au 薄膜、Cr 薄膜对 THz 辐射的增强作用，同时还探究了氧化层以及 ODT 层对 GaAs 辐射 THz 波的影响。虽然氧化层与 ODT 层都会减弱 THz 辐射信号，但是 ODT 层能够确保 GaAs 产生的 THz 辐射长期稳定存在。

参考文献

[1]　MCGOWAN R W, GRISCHKOWSKY D. Experimental time-domain study of THz signals from impulse excitation of a horizontal surface dipole[J]. Applied Physics Letters, 1999, 74(12): 1764-1766.

[2]　INOUE R, TAKAYAMA K, TONOUCHI M. Angular dependence of terahertz emission from semiconductor surfaces photoexcited by femtosecond optical pulses[J]. Journal of the Optical Society of America B-Optical Physics, 2009, 26(9): A14-A22.

[3]　HESHMAT B, PAHLEVANINEZHAD H, PANG Y J, et al. Nanoplasmonic terahertz photoconductive switch on GaAs[J]. Nano Letters, 2012, 12(12): 6255-6259.

[4]　WU X J, QUAN B G, XU X L, et al. Effect of inhomogeneity and plasmons on terahertz radiation from GaAs(100) surface coated with rough Au film[J]. Applied Surface Science, 2013(285): 853-857.

[5]　WU X J, XU X L, LU X C, et al. Terahertz emission from semi-insulating GaAs with octadecanthiol-passivated surface[J]. Applied Surface Science, 2013(279): 92-96.

[6]　YE S, LI G F, NODA H, et al. Characterization of self-assembled monolayers of alkanethiol on GaAs surface by contact angle and angle-resolved XPS

measurements[J]. Surface Science, 2003, 529(1-2): 163-170.

[7]　ZHANG X C, AUSTON D H. Optoelectronic measurement of semiconductor surfaces and interfaces with femtosecond optics[J]. Journal of Applied Physics, 1992, 71(1): 326-338.

第 5 章　二维材料 THz 辐射

5.1　引言

由于 THz 技术在材料科学、通信技术、生物医学等领域展现出巨大的应用潜力，这使得基于二维材料的 THz 辐射性能研究也逐渐成为研究热点。二维材料以其独特的原子级厚度和优异的物理化学性质，为 THz 频段的研究提供了新视角和可能性。通过对二维材料 THz 辐射性能的研究，不仅有助于更好地理解二维材料的物理本质，也为开发新型 THz 器件提供了重要的理论基础和技术支持。未来的研究可以进一步探索这些材料的异质结构和复合体系，以实现更高效的THz 辐射。

5.2　二维半导体材料 THz 辐射

InSe 作为一种新兴的二维半导体材料，因其独特的电子结构和优异的光电特性而受到广泛关注。InSe 具有层状结构，带隙随着层数的减少而显著增大，这使得它在光电子器件中具有广阔的应用前景。近年来，随着对二维材料在 THz 频段的应用研究的不断深入，InSe 的 THz 辐射性能逐渐成为研究热点。研究 InSe 在 THz 频段的应用不仅有助于拓展二维材料的应用领域，也为 THz 技术的发展提供了新的材料选择。

目前，关于 InSe 在 THz 频段的研究主要集中在对其 THz 辐射机制的探索以及性能优化方面。研究表明，InSe 在飞秒激光激发下能够产生 THz 辐射，辐射机制主要与材料的电子结构和载流子动力学密切相关。此外，通过调控 InSe 的层数和掺杂元素，可以有效调节 THz 辐射性能，从而提高辐射效率和扩展频谱范围。虽然，相对黑磷来说，InSe 已经具有较好的化学稳定性，但它还是比较容易受到氧化等因素的影响，这在一定程度上限制了其在实际应用中的性能表现。为了深入研究 InSe 的 THz 辐射性能，通常采用 OPTP 进行实验。首先，通过化学气相沉积法或机械剥离法制备高质量的 InSe 薄膜。然后，将 InSe 样品置于 THz-TDS 中，利用飞秒激光作为泵浦源激发样品，同时使用 THz 探测器记录样品的 THz 辐射信号。此外，还可以通过改变样品的层数、掺杂元素以及环境条件（如温度、压力等），研究不同因素对 InSe 的 THz 辐射性能的影响。

但是，作为一种层状半导体材料，在制备 InSe 样品时很难得到大尺寸的均匀样品，而层数变化会改变样品带隙，随着样品层数的减少，InSe 的带隙会从 1.26 eV 变化至 2.2 eV，具有很宽的光谱响应范围。作为一种极性材料，InSe 在层内也具有较大的原子极化，从而产生了随厚度增加而增强的光学非线性效应。这些原因就导致无法利用传统光学手段进行观察和实验。因为受到衍射极限的约束，无法将空间分辨率降低至纳米尺度，不能直观地利用光学手段研究材料机理和性能，这极大地阻碍了对二维材料纳米尺度超快动力学的研究。

THz 散射式扫描近场光学显微镜（THz scattering-type Scanning Near-field Optical Microscope，THz s-SNOM）可以通过纳米探针将 THz 波和泵浦光聚焦到纳米尺度，通过局域场增强的近场信号，获得样品表面纳米尺度的携带有样品表面近场信息的 THz 散射信号。这种方法结合了 AFM 具有极高空间分辨率的优点，可以利用静态 THz-TDS 反映不同材料在纳米尺度空间分辨率下的介电响应，并通过外加泵浦光实现材料超快动力学的 THz 探测。

具体来说，在这里我们采用化学气相传输（Chemical Vapor Transport，CVT）法制备了 InSe 薄膜。THz s-SNOM 原理示意及样品表征如图 5.1 所示，THz s-SNOM 通过纳米探针将 THz 波耦合到 AFM 上，就可以突破衍射极限的限制，获得更高的空间分辨率。目前已有研究表明，THz s-SNOM 中的静态 THz-TDS 可以在纳米尺度空间分辨率下反映不同材料的介电响应，OPTP 可以实现对材料超快动力学的 THz 探测。如图 5.1 所示，我们利用飞秒激光器激发光电导天线产生 THz 波，在针尖局域场增强后，THz 波与样品相互作用，携带近场信息的 THz 信号最终被另一个光电导天线接收探测。近场条件下的 THz-TDS 技术在材料纳米尺度研究方面取得了重要突破。将此技术与二维材料的研究结合，可以进一步加深对该材料体系的理解，并进一步推动器件研究进程。

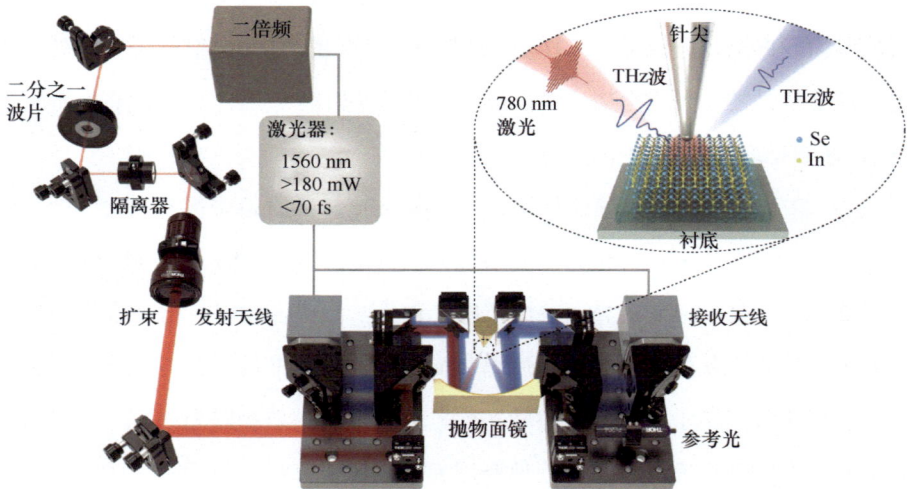

图 5.1　THz s-SNOM 原理示意及样品表征

　　如图 5.2 所示，我们先利用 THz s-SNOM 系统内集成的 AFM 功能确认多层 InSe 样品的表面形貌。由于 InSe 加工困难，在较小的空间尺度下其呈现出不均匀的分层状态。通过光学显微镜捕捉 InSe 表面的光学成像结果，可以看到不同区域在可见光下呈现不同的颜色，这表明层数的改变导致材料折射率发生变化，但是否改变了材料其他性质还有待进一步研究。在这些可见光成像结果的基础上，我们利用 AFM 功能在不同区域得到样品表面高度信息。结果表明，样品表面最大的高度波动可达 120 nm，对应 InSe 层数从单层到数十层的变化。在此基础上，我们选择了便于区分的不同颜色区域进行了表征，它们分别呈现出灰色、蓝色、黄色、红色、绿色等不同颜色，对应 12 nm、30 nm、51 nm、80 nm、98 nm 的厚度变化。后续的实验结果也表明在这 5 个选定区域，我们得到的散射 THz 信号不尽相同。

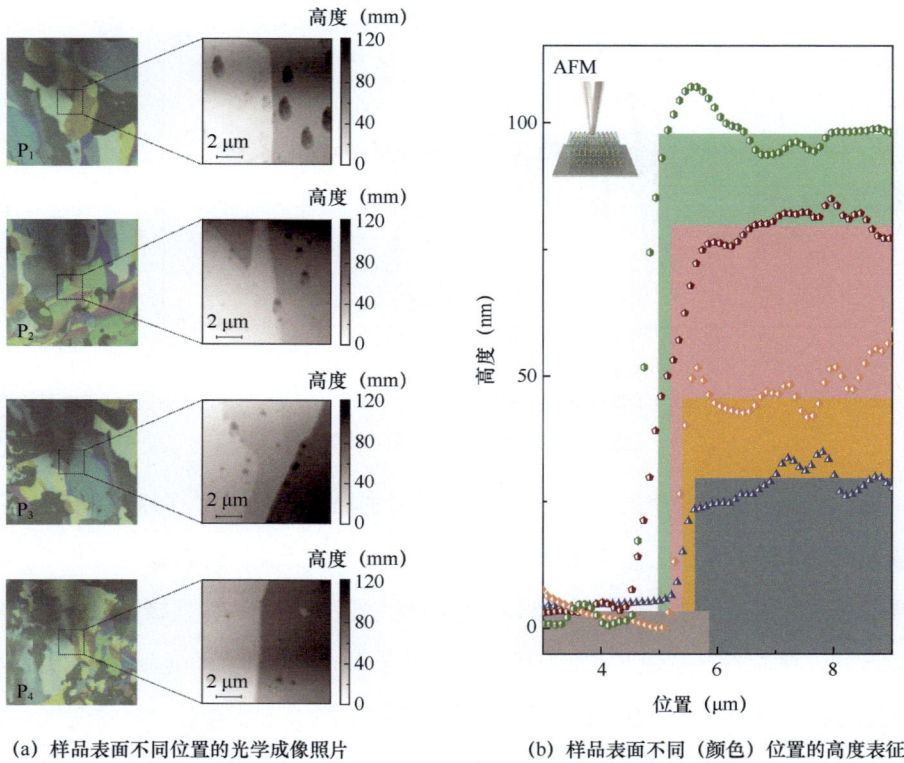

(a) 样品表面不同位置的光学成像照片　　　(b) 样品表面不同（颜色）位置的高度表征

图 5.2　InSe 的表面成像及 AFM 高度表征

通过 AFM 成像和可见光成像，发现多层 InSe 样品表面呈现出不同的颜色，但如何更直观地表征材料性能的变化并探索其物理机制呢？为了更直观地确定样品在不同厚度区域的性能变化，必须在纳米尺度下记录样品表面的局部 THz 响应。在这里，利用纳米探针的局域场增强效应，聚焦中心频率约为 1 THz 的 THz 波，进一步将空间分辨率降低到 60 nm 左右，实现了 THz 频段的超高空间分辨率光谱实验。通过 THz s-SNOM 的静态 THz-TDS 实验，我们发现不同厚度样品表面的散射信号波形存在一定差异，样品表面的 THz 散射信号如图 5.3 所示。特别地，从插图中可以看出，在将 THz 散射信号的峰值位置放大后，发现在不同厚度样品下获得的信号确实存在一些差异。毕竟，样品厚度的变化不大，由此产生的小信号变化很难观察到。

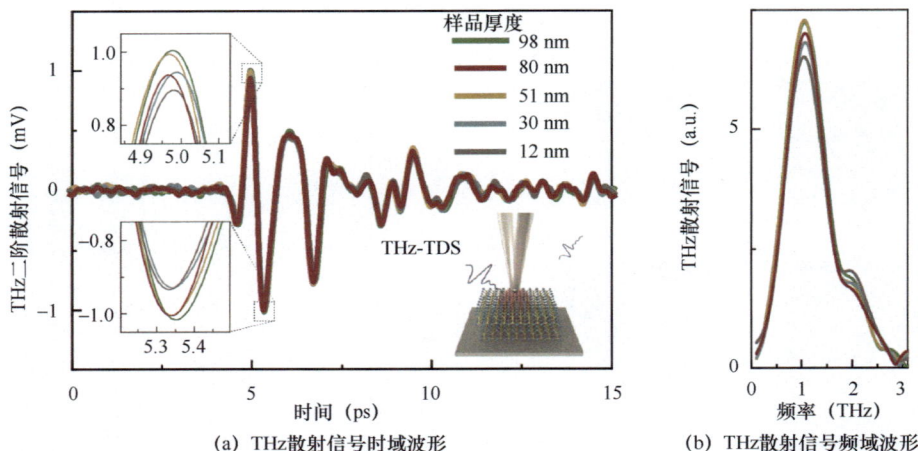

(a) THz 散射信号时域波形　　　　　　　(b) THz 散射信号频域波形

图 5.3　样品表面的 THz 散射信号

　　为了解释上述实验现象，我们尝试计算样品的局部介电函数。随后的仿真计算基于描述探针与被测样品之间近场耦合的偶极子模型。将针尖简化为金属纳米球，针尖对样品的作用相当于针尖偶极子在样品空间对称位置诱导出镜像偶极子。采用德鲁德模型计算了静态 THz 条件下不同厚度的二维半导体材料 InSe 的介电函数，如图 5.4 所示，这是通过叠加拟合洛伦兹模型得到的介电函数的实部和虚部随频率的变化。将实验结果与计算结果进行比较，我们可以看到 InSe 大约在 0.6 THz 处有一个峰值，大约在 1.5 THz 处有一个谷值，即洛伦兹振子出现，这表明了材料中电子极化的变化。介电函数虚部在这两个位置也发生了变化，说明材料可能具有特殊的晶格振动模式，材料在这两个独特的频率点处的 THz 吸收损失更明显。因此，通过静态 THz 散射测量，我们已经能够分辨出由层数引起的 InSe 介电函数的微小变化，这是一种可靠的方法，可以用来精确测量微小空间尺寸下样品的介电函数的微小变化。

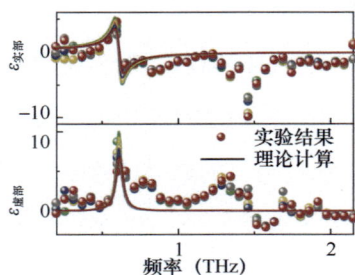

图 5.4　样品的局部介电函数的实部与虚部随频率的变化

鉴于 InSe 在近红外波段的特殊响应，我们采用 780 nm 飞秒激光对样品进行超快泵浦，研究样品在近场条件下的超快动力学响应。基于之前的研究工作，已经发现在 InSe 这个材料中，载流子浓度的变化依赖于温度。同时，这种光生载流子浓度的变化也取决于样品的层数，且能在不同的样品厚度下观察到载流子浓度的明显差异。具体实验是将波长为 780 nm 的近红外光基于 THz-TDS 以同样的方式耦合到针尖，实现 OPTP 功能。如图 5.5 所示，在 780 nm 飞秒激光的作用下，样品表面的载流子浓度发生了很大的变化，导致探测到的样品表面的 THz 二阶散射信号存在很大差异。通过对泵浦光延迟线的长扫描，可以观察到光生载流子从产生到湮灭的完整过程。在这里，泵浦光诱导纳米尺度材料内部产生了大量的光生载流子，这就导致材料对 THz 波的反射率增大。因此，材料被泵浦后得到的 THz 散射信号在极短的时间内呈现出显著增强的现象。但是由于不同厚度区域存在带隙差距，因此被激发出的光生载流子数目是不一样的，不同区域的 THz 反射率也存在明显差异。样品厚度越大的区域，被激发产生的光生载流子越多，THz 二阶散射信号也越强，OPTP 曲线的变化也越明显。

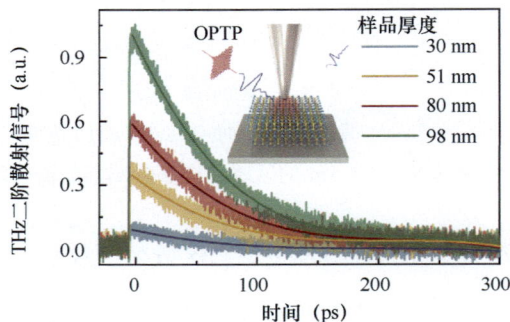

图 5.5　样品的局部载流子动力学曲线

根据上述观察结果，我们将探针定位在载流子浓度变化最明显的区域，也就是样品厚度为 98 nm 的区域，进行深入分析实验。将泵浦光固定在不同的时间位置，我们对该区域的 THz 散射信号峰值进行了扫描。如图 5.6 所示，随着泵浦光时间发生变化，观察到了 InSe 样品的光生载流子从注入到传输，然后到湮灭的全面演变过程。将静态 THz 散射信号与获得的 OPTP 信号进行比较，可以验证材料在被激发的始端和末端是否一致，从而为研究材料的超快动力学提供有效手段。

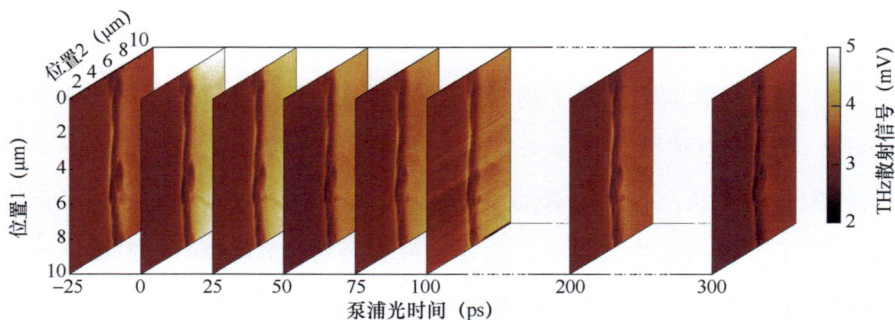

（a）光生载流子从注入到传输，然后到湮灭的过程中的非平衡态时刻的空间分布

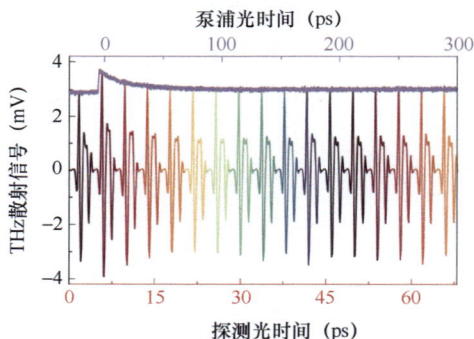

（b）THz 散射信号随探测光时间变化的超快动力学曲线

图 5.6　在样品厚度为 98 nm 的区域，样品的局部载流子动力学曲线

我们还发现，在整个光泵浦过程中，THz 散射信号也有一定时间上的偏移。如图 5.7（a）所示，选择了 3 个明显的时间节点进行比较，分别对应泵浦光作用后 13 ps、23 ps 和 153 ps 时刻的 THz 散射信号的峰值位置。可以看到，随着泵浦光的消失，对应的 THz 时域信号逐渐向后偏移。通过对整个过程中 THz 散射信号第一个过零的位置进行统计，我们发现在整个过程中，THz 时域波形呈现不断向非激发态平衡位置移动的状态，最后趋于稳定，代表光生载流子注入、扩散、

复合的全过程。针对样品厚度最大、载流子浓度变化最显著的区域进行功率依赖性测试，发现泵浦光功率的变化导致样品的 OPTP 信号峰值呈线性增加趋势。值得注意的是，产生的载流子的寿命基本上没有受到影响，显示出稳定的变化趋势。通过比较 3 个不同时刻的 THz 时域波形，我们计算出图 5.7（b）所示的介电函数曲线。确实，当载流子在 13 ps 注入，且介电常数最大时，产生的 THz 散射信号也是最明显的。这表明，泵浦光不仅会引起时域波形的相移，还会因样品载流子浓度的变化而改变样品的电学性质。

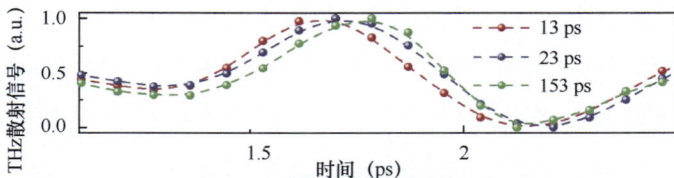

(a) 泵浦光作用后不同时刻的样品表面的THz散射信号

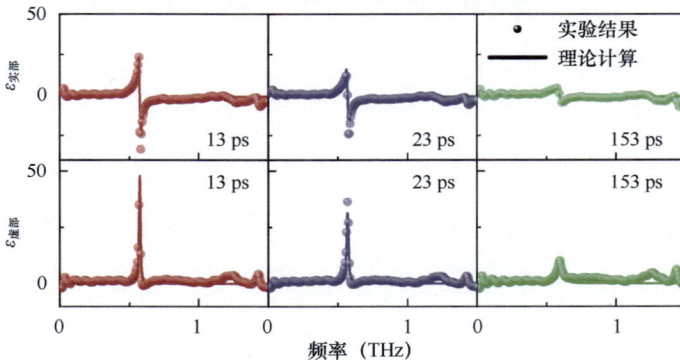

(b) 计算得到的近场条件下样品表面的介电函数曲线

图 5.7　光泵浦引入的 THz 散射信号相移

在 OPTP 功能的基础上，将系统中的 THz 光电导天线关闭，如果还能探测到 THz 信号，这就是材料在激光诱导下辐射的 THz 信号，这种探测方法就是激光 THz 发射显微镜（Laser THz Emission Microscope，LTEM）方法。目前已经有研究证明，在远场条件下，800 nm 激光可以诱导 α-InSe 辐射 THz 波，并呈现出 90° 的方位角依赖性。如图 5.8 所示，我们发现在近场条件下，γ-InSe 也可以辐射 THz 信号，并且表现出信号随着样品厚度增加而越来越强的现象。

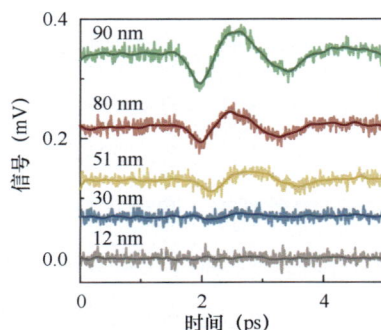

图 5.8 γ-InSe 辐射的 THz 信号随样品厚度的变化

InSe 凭借其 THz 辐射性能在多个领域展现了重要的应用前景。首先，在 THz 通信领域，InSe 可以作为新型的 THz 源，用于开发高性能的 THz 通信器件。其次，在 THz 成像和传感方面，InSe 的高辐射效率和宽频谱范围使其有望应用于高分辨率 THz 成像系统和高灵敏度 THz 传感器。此外，InSe 还可以与其他二维材料形成异质结结构，进一步拓展其在光电子器件中的应用。未来，随着对 InSe 材料特性的深入研究和制备技术的不断进步，InSe 在 THz 领域的应用潜力将得到更充分的挖掘和实现。

5.3 二维磁性材料与拓扑绝缘体异质结 THz 辐射

近年来，仅有原子层厚度的二维磁性材料由于具有有趣的物理性质和应用前景，引发了许多理论和实验上的研究[1]。这种材料在低功耗和纳米级集成 THz 自旋电子学的跨学科领域也引起了人们极大的研究兴趣。Fe_3GeTe_2（FGT）是一种二维本征磁性材料，具有较高的居里温度，磁性稳定、可调，且兼具优异的力学、电学和热学特性，具有很大的发展潜力。此外，FGT 磁性可调，这使其成为制备高速存储和无耗散计算的二维材料自旋电子器件的最佳候选之一[2]。而拓扑绝缘体（Topological Insulator，TI）Bi_2Te_3 因其自旋动量锁定表面态而被证明是实现自旋 THz 辐射的优良材料，可以为磁性材料中光诱导的超快自旋流提供较高的自旋-电荷转换效率。研究表明，通过 FGT/TI 界面的层间交换耦合，FGT 的居里温度可以进一步提高到室温,提供了通过 THz 发射光谱跟踪 FGT 中自旋-电荷转换的可能性,该方式可以看作一种敏锐的 THz 自旋流的非接触式电流检测方法[3]。然而,这些方式尚未成功应用于研究 FGT 及其异质结中的超快自旋 THz 动力学。2022 年,我们采用分子束外延(Molecular Beam Epitaxy,MBE)技术在蓝宝石衬底上制备了由 FGT 和 TI 组成的异质结结构,并成功实现了飞秒激光驱动的 THz 自旋流,并用超快 THz 发射光谱记录了这一过程。此外,还可以通过外加磁场和调整泵浦光偏振方向灵活地操控 THz 自旋流的方向。而 FGT 及 TI 的厚度、温度和结构依赖的 THz 测量实验进一步验证了自旋-电荷转换机制[4]。

如图 5.9(a)所示,当飞秒激光激发时,实验发现,FGT/TI 异质结可以在室温、外磁场(80 mT)下辐射 THz 信号。采用 2 mm 的 ZnTe 晶体对 THz 信号进行电光取样探测。在 $12\ \mu J \cdot cm^{-2}$ 的泵浦通量下,可以得到 FGT/TI 异质结、FGT 薄膜和 TI 薄膜的典型 THz 时域波形及其对应的傅里叶变化结果。从图 5.9(b)和图 5.9(c)中可以看到来自 FGT/TI 异质结和 TI 薄膜的 THz 电场的峰值频率分别为 0.8 THz 和 1.2 THz,而 FGT 薄膜无法辐射 THz 波。这表明 FGT/TI 和 TI 具有不同的辐射机理,且 FGT/TI 异质结相较 TI 薄膜而言,THz 辐射明显增强。

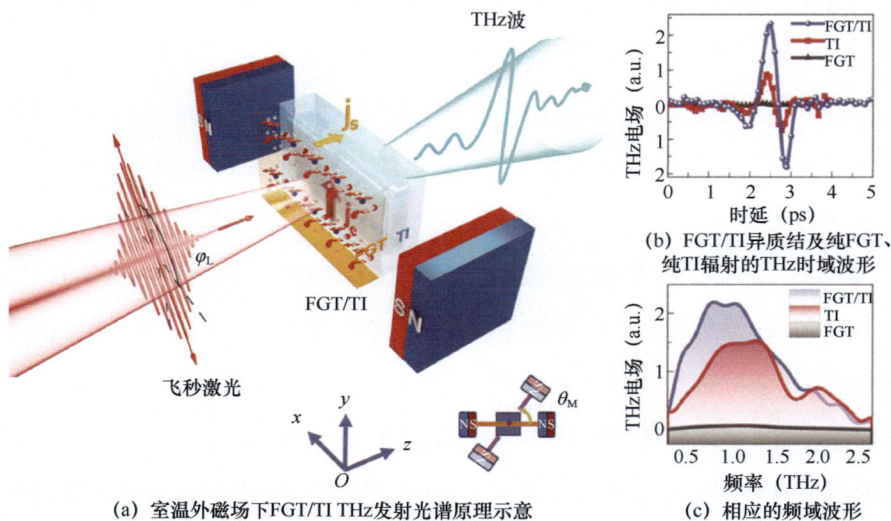

(a) 室温外磁场下FGT/TI THz发射光谱原理示意

(b) FGT/TI异质结及纯FGT、纯TI辐射的THz时域波形

(c) 相应的频域波形

图 5.9 FGT/TI THz 发射光谱原理示意及实验结果

为了进一步揭示潜在机制，我们首先研究了改变泵浦光的偏振方向对 THz 辐射强度的影响[见图 5.10（a）]，可以看到，与激光偏振无关的 THz 分量与周期为 180°的正弦振荡波相叠加。图 5.10（b）展示了 FGT/TI 异质结的 THz 辐射对称性与磁化方向的依赖关系，可以观察到辐射的 THz 波垂直于磁化方向极化，且通过旋转磁场方向，THz 电场信号服从具有双重旋转对称性的角度依赖模式。此外，通过改变泵浦光入射异质结的入射面，可以看到翻转样品导致 THz 极性反转[见图 5.10（c）]。我们将 FGT/TI 中产生 THz 辐射的机理分为自旋-电荷转换（Spin-Charge Conversion，SCC）效应与 TI 中的位移电流非线性效应，前者的贡献明显大于后者的，为主导机制，如图 5.10（d）所示。随着泵浦功率的增加，FGT/TI 的 THz 辐射强度呈现线性增加，见图 5.10（e）。以上实验结果均证明了 FGT/TI 异质结中 THz 自旋流的超快产生。

值得注意的是，FGT/TI 异质结中 THz 自旋流的超快产生和控制清楚地表明集成结构中的 FGT 具有室温二维铁磁性。块状 FGT 可以在 230 K 维持铁磁有序。当样品厚度减小到二维尺度时，由于热波动，FGT 不再能够维持长程铁磁有序，这被称为维数效应。例如，当厚度小于 10 nm 时，居里温度会低至 130 K。然而，FGT/TI 异质结中 FGT 的居里温度可以增加到室温以上。TI 和 FGT 之间的界面交换耦合增大了自旋交换相互作用，从而增强了材料抵抗热波动的能力，使得 FGT/TI 可以在室温下保持铁磁特性。在吸收飞秒激光的能量后，FGT 中可以产生非平衡自旋流并沿 z 轴注入 TI 层，通过 SCC 效应转换为超快电荷流，从而辐射 THz 波。

为了在 TI 诱导的室温铁磁异质结中调控 THz 自旋流，我们使用固定 TI 厚度为 8 nm 的 FGT/TI 异质结进行了 FGT 厚度相关的 THz 辐射测量。如图 5.11（a）所示，THz 峰值信号首先随着 FGT 厚度的增大而略有增加，在 4 nm 的临界厚度处达到最大值，然后随着厚度的增大而下降。图 5.11（b）描绘的趋势更明显，其中 SCC 效应贡献的 THz 峰值信号是从 THz 波中提取的。这些实验结果可以定性解释，FGT/TI 异质结中的界面交换耦合引发了最强磁化，使 THz 峰值信号达到最高。随着 FGT

厚度的增大，整体磁化强度降低（增强的磁化强度仅存在于界面），导致 THz 辐射强度减小。此外，增大 FGT 厚度会阻碍产生的 THz 波之间的有效耦合。值得注意的是，当 FGT 厚度小于 4 nm 的临界厚度时，光学注入的自旋流密度降低，导致 FGT/TI 异质结中的 THz 电场振幅降低。相应的实验示意如图 5.11（c）～图 5.11（e）所示。

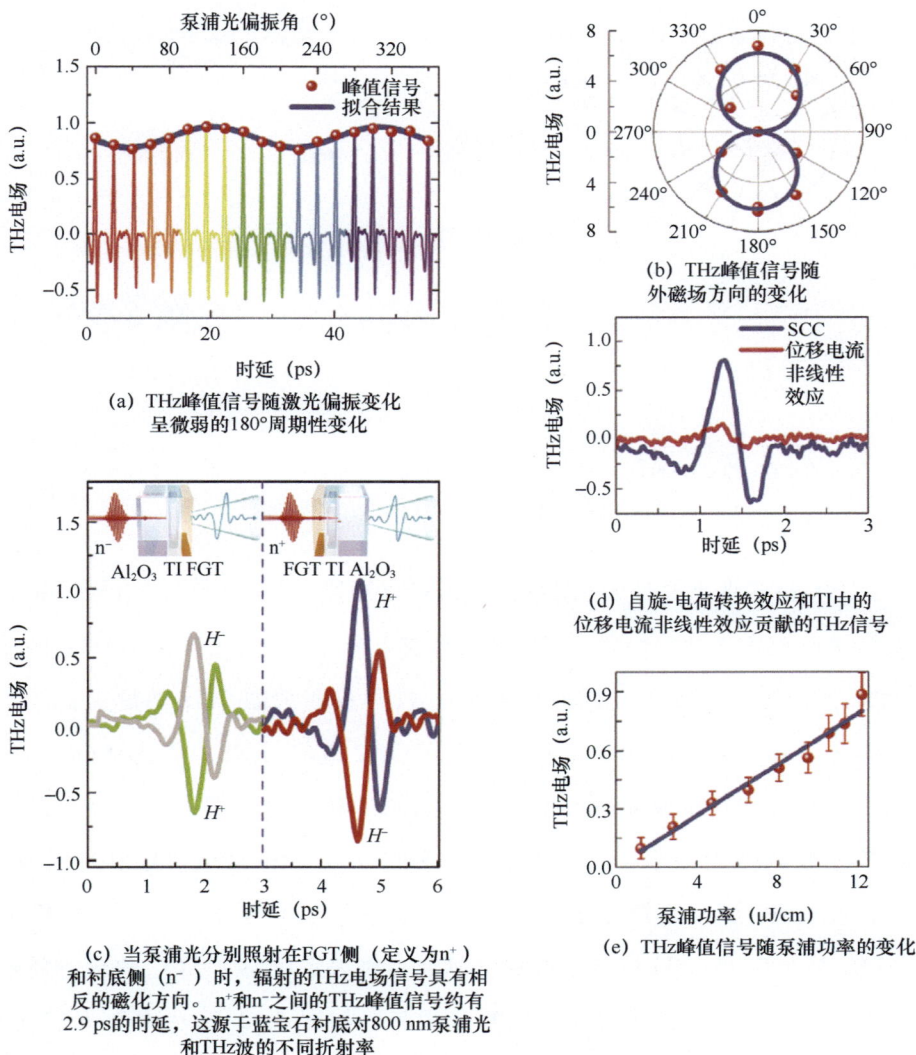

(a) THz峰值信号随激光偏振变化
呈微弱的180°周期性变化

(b) THz峰值信号随
外磁场方向的变化

(d) 自旋-电荷转换效应和TI中的
位移电流非线性效应贡献的THz信号

(c) 当泵浦光分别照射在FGT侧（定义为n+）
和衬底侧（n−）时，辐射的THz电场信号具有相
反的磁化方向。n+和n−之间的THz峰值信号约有
2.9 ps的时延，这源于蓝宝石衬底对800 nm泵浦光
和THz波的不同折射率

(e) THz峰值信号随泵浦功率的变化

图 5.10　验证主要辐射机制为自旋-电荷转换的实验结果

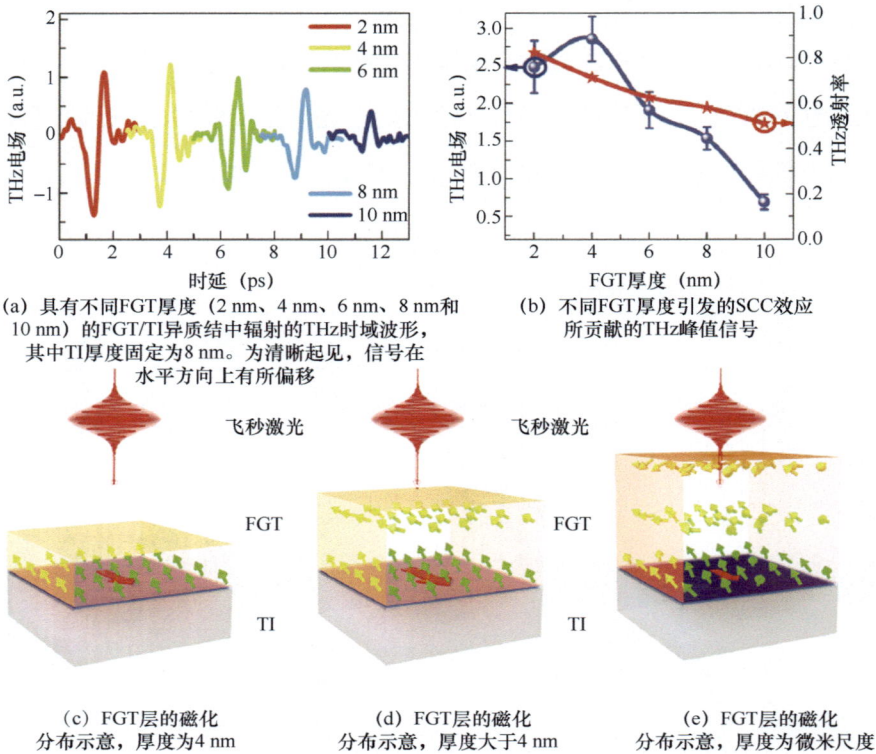

(a) 具有不同FGT厚度（2 nm、4 nm、6 nm、8 nm和
10 nm）的FGT/TI异质结中辐射的THz时域波形，
其中TI厚度固定为8 nm。为清晰起见，信号在
水平方向上有所偏移

(b) 不同FGT厚度引发的SCC效应
所贡献的THz峰值信号

（c）FGT层的磁化
分布示意，厚度为4 nm

（d）FGT层的磁化
分布示意，厚度大于4 nm

（e）FGT层的磁化
分布示意，厚度为微米尺度

图 5.11　FGT 厚度对 THz 辐射的影响

　　上述实验结果已经证明，超快自旋流可以通过表面的逆埃德尔斯坦效应或体中的逆自旋霍尔效应转换为 TI 中的超快电荷流。为了研究 FGT/TI 异质结中 SCC 的起源，系统地进行了一系列与 TI 厚度相关的 THz 辐射实验，其中 FGT 厚度固定为 4 nm。图 5.12（a）显示了 SCC 效应对 TI 厚度为 4 nm、6 nm、8 nm、10 nm、12 nm 和 15 nm 的样品贡献的 THz 时域波形。THz 峰值信号在样品厚度为 4 nm 时很小，然后随着 TI 厚度的增大，THz 峰值信号增大，在 8 nm 处达到最大值，然后逐渐减小。图 5.12（b）总结了对应厚度下的 THz 峰值信号。THz 峰值信号与 TI 厚度之间的这种非单调关系证明了 SCC 效应主要来源于逆埃德尔斯坦效应而不是逆自旋霍尔效应，如图 5.12（c）和图 5.12（d）所示。

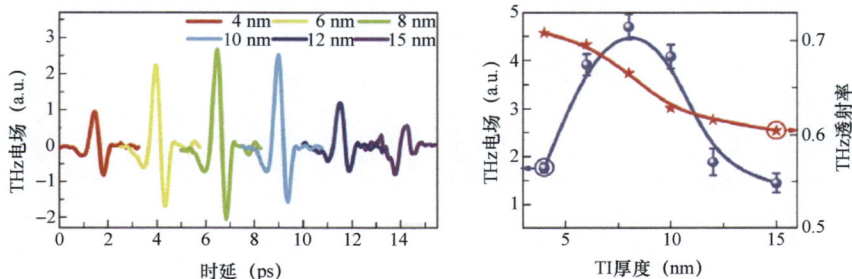

(a) 具有不同 TI 厚度（4 nm、6 nm、8 nm、10 nm、12 nm 和 15 nm）的 FGT/TI 异质结中辐射的 THz 时域波形。为清晰起见，信号在水平方向上有所偏移

(b) THz 峰值信号随 TI 厚度的变化，以及这些异质结对应的 THz 透射率对比

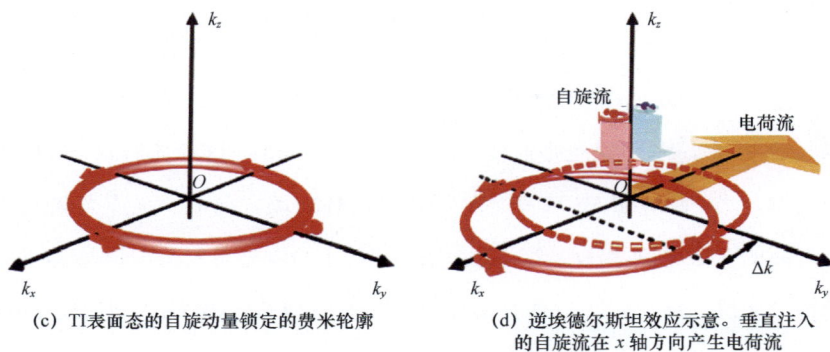

(c) TI 表面态的自旋动量锁定的费米轮廓

(d) 逆埃德尔斯坦效应示意。垂直注入的自旋流在 x 轴方向产生电荷流

图 5.12　TI 厚度对 THz 辐射的影响

为了进一步通过实验研究温度对 FGT/TI 中 THz 自旋流的影响，我们测量了 THz 辐射与样品温度的变化关系，结果如图 5.13（a）所示，其中异质结中的 SCC 效应对 THz 辐射的贡献显示出强烈的温度依赖。提取的 THz 峰值信号被绘制成温度的函数，如图 5.13（b）所示，随着样品温度逐渐升高，THz 峰值信号单调下降。为了排除温度对异质结 THz 透射率的影响，作为对照实验，图 5.13（b）还单独测量了没有飞秒激光泵浦下的 THz 透射率，结果表明温度对 THz 透射率几乎没有影响，表明低温下增强的 THz 辐射源于 FGT 层中磁化强度的增强。因此，该实验结果表明 TI 层对于将 FGT 的居里温度提高到室温是必不可少的。TI 与 FGT 的结合提供了一种有效的方法来控制室温下二维磁性材料中的自旋流。此外，还对纯 FGT 样品进行了 THz 辐射实验，结果在低温下无法检测到 THz 信号，表明 FGT 中磁偶极的辐射可能非常弱。

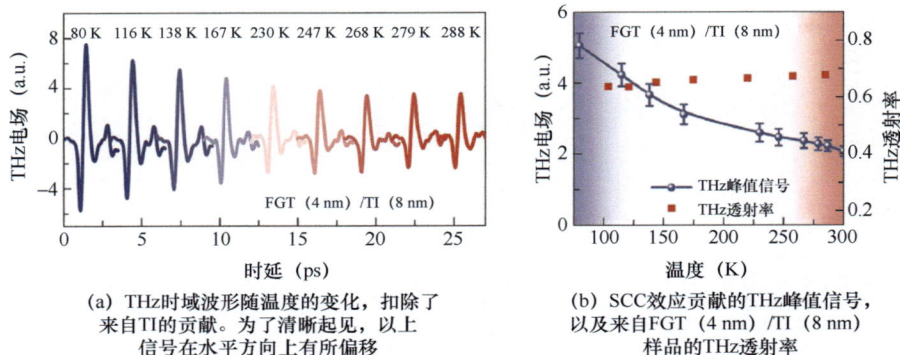

(a) THz时域波形随温度的变化，扣除了
来自TI的贡献。为了清晰起见，以上
信号在水平方向上有所偏移

(b) SCC效应贡献的THz峰值信号，
以及来自FGT（4 nm）/TI（8 nm）
样品的THz透射率

图 5.13　温度对 THz 辐射的影响

　　为了进一步提高 FGT/TI 异质结中的 THz 自旋流的注入、操控和探测效率，如图 5.14（a）所示，利用磁控溅射技术制备了 W（2 nm）/FGT（4 nm）/TI（8 nm）异质结结构。当 Fe/W 和 Fe/TI 样品处于相同的外磁场方向下，泵浦光从 Fe 层入射时两个样品的 THz 极性相反，这可以初步说明 TI 的自旋霍尔角应该与 W 的自旋霍尔角的符号相反。所以，飞秒激光激发 W（2 nm）/FGT（4 nm）/TI（8 nm）样品时，由于 W 的存在，可以转换另一侧的自旋流方向，相干增强正向辐射的 THz 波强度，THz 辐射信号相比 FGT（4 nm）/TI（8 nm）异质结的增大了约 12%，如图 5.14（b）～图 5.14（c）所示。不过，这种增强相对不太明显，可能是因为 W 的 SCC 效应弱于 TI 的。但是，这证实了基于三层异质结结构中的 FGT 有可能实现 THz 自旋流的产生与操控，进一步的改进实验可以集中在更优质的低维材料以及更高效的结构上。

　　综上所述，在飞秒激光驱动下，成功实现了室温二维铁磁异质结 FGT/TI 中 THz 自旋流的注入、操控和探测。通过研究泵浦光偏振、外磁场方向、样品厚度以及温度对 THz 辐射性能的影响，确定 THz 自旋流的物理起源是由非平衡界面态诱导的逆埃德尔斯坦效应所引发的 SCC 效应。通过调节 FGT 的厚度，可以实现对超快自旋流的有效控制。此外，通过设计 W/FGT/TI 异质结，为实现自旋流的灵敏探测提供了有效途径。

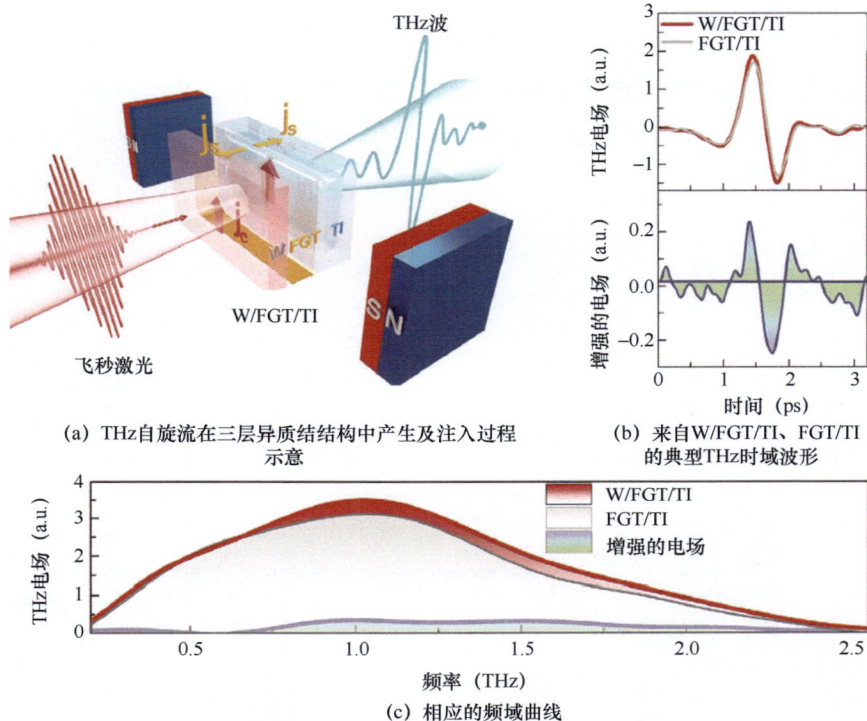

(a) THz自旋流在三层异质结结构中产生及注入过程
示意

(b) 来自W/FGT/TI、FGT/TI
的典型THz时域波形

(c) 相应的频域曲线

图 5.14　三层异质结的 THz 辐射

5.4　二维磁性材料与反铁磁异质结 THz 辐射

然而，目前二维磁性材料的居里温度通常较低[5]，能否产生室温自旋 THz 辐射是目前基于二维磁性材料的 THz 发射光谱遇到的关键挑战。此外，5.3 节工作还需要外磁场进行磁化，显然不利于器件的集成与系统的开发。2024 年，我们使用了二维铁磁/反铁磁超晶格材料$(Fe_3GeTe_2/CrSb)_3$[简称$(FGT/CS)_3$]，它的磁有序温度即居里温度为 206 K[6]。当超快激光脉冲激发时，成功地在室温、无磁场下观察到$(FGT/CS)_3$超晶格中的超快自旋流的产生及相干 THz 辐射[见图 5.15（a）]。也就是说，摆脱外磁场以及居里温度的限制，实现了在二维磁性材料中产生超快 THz 辐射。结合实时密度泛函理论等，可将自旋流产生的内在物理机制归因于界面处激光增强的磁近邻效应。此外，我们还通过磁光克尔效应进一步证实这一结论[7]。

如图 5.15（b）所示，在飞秒激光激发下，我们发现(FGT/CS)$_3$超晶格能够在室温、无磁场下直接辐射 THz 波。然而，在相同的实验条件下，纯 CS 薄膜辐射的 THz 信号强度几乎小了一个数量级，纯 FGT 则无法产生可探测到的 THz 波。相应的频域变换结果如图 5.15（c）所示，且随着泵浦功率（即光通量）的增加，超晶格辐射的 THz 电场强度一直呈线性增长。

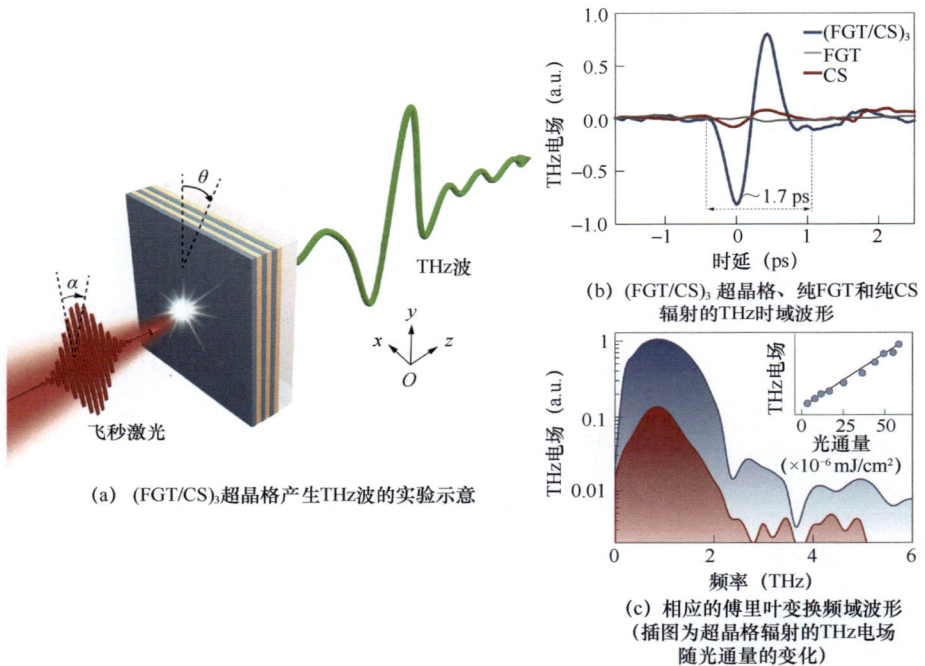

(a) (FGT/CS)$_3$超晶格产生THz波的实验示意

(b) (FGT/CS)$_3$超晶格、纯FGT和纯CS辐射的THz时域波形

(c) 相应的傅里叶变换频域波形（插图为超晶格辐射的THz电场随光通量的变化）

图 5.15 (FGT/CS)$_3$ 的 THz 发射光谱示意

为了深入探究超晶格中的 THz 波产生机制，我们首先系统地研究了 THz 辐射与样品方位角、激光偏振方向、几何对称性的依赖关系。如图 5.16（a）所示，当方位角为 60°时，THz 波强度达到最大值，而方位角为 240°时，THz 波强度达到最小值。此外，当线偏振激光的偏振角从 0°变化到 180°[见图 5.16（b）]时，THz 峰值信号表现出明显的直流分量及小振幅的余弦振荡，表明超晶格中只有一小部分 THz 波与激光偏振有关（这与纯 CS 薄膜的 THz 辐射结果相对应），而大部分辐射则与激光偏振无关。进一步地，我们提取了与激光偏振无关的 THz 分量随方位

角从 0°到 360°的变化[见图 5.16（c）]。图 5.16（c）表现出明显的双重旋转对称性，且 THz 电场强度略小于整体的 THz 辐射的。此外，当沿实验室坐标系中的 x 轴、y 轴分别将样品旋转 180°[见图 5.16（d）和图 5.16（e）]时，我们发现仅沿 x 轴旋转会导致 THz 极性反转，而沿 y 轴旋转时 THz 极性保持不变。这些实验结果与 SCC 效应的辐射机制特征相符合，可以排除光生载流子、极化电流作为 (FGT/CS)$_3$ 超晶格中主要辐射机制的可能性。

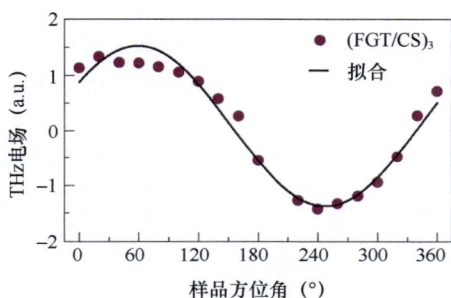

(a) THz峰值信号与样品方位角的关系

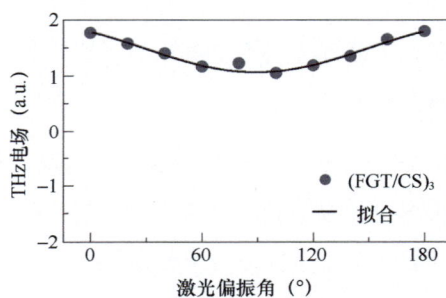

(b) 超晶格辐射THz波的强度随激光
偏振角的变化

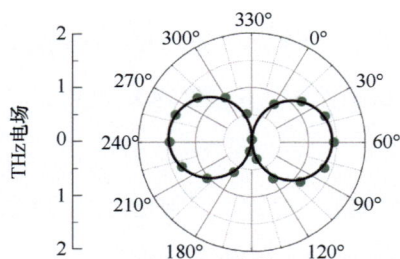

(c) 超晶格中与激光偏振无关
的THz分量与样品方位角的关系

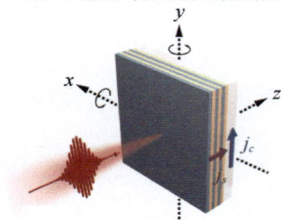

(d) 沿x轴和y轴旋转样品180°的实验示意

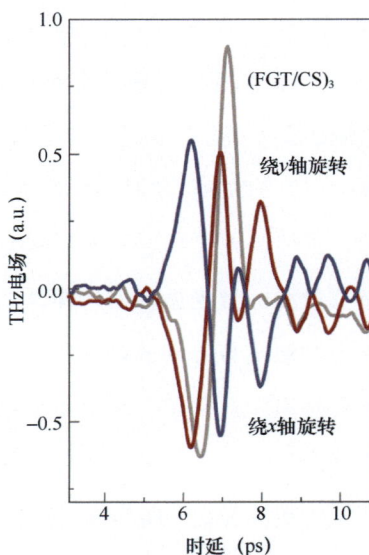

(e) 沿不同轴旋转样品得到的
超晶格辐射的THz时域波形

图 5.16　(FGT/CS)$_3$ 超晶格中的主要 THz 辐射机制研究

下面讨论两个关键问题。

第一，自旋流来自哪里？(FGT/CS)₃超晶格的居里温度仅为206 K，反常霍尔效应实验结果清晰地反映了这一点[见图5.17（a）]，常见的超快退磁机理显然不再适用。我们对样品进行低温冷却，得到的THz辐射的温度依赖性如图5.17（b）所示。超晶格辐射的THz电场强度在较低温度下保持恒定，但在200 K附近时明显降低；而随着温度升至200 K以上时信号强度再次稳定。我们认为，在低于200 K时，超晶格呈现铁磁相，飞秒激光泵浦对样品的快速加热导致超快退磁，从而产生超快自旋流。而当温度升至200 K以上时，超快自旋流则可能通过一种与激光激发相关的特殊机制产生。

第二，自旋是如何排列的？在居里温度以下，(FGT/CS)₃超晶格表现出垂直磁各向异性，易磁化轴垂直于样品表面，这在理论上将无法产生面内可探测到的THz波。然而基于之前的报道发现，CS与铁磁层耦合时，即使没有外磁场，异质结的自旋取向也能够不完全垂直于样品表面。为了验证这一假设，如图5.17（c）所示，在100 K下施加-400 Oe（1 Oe=250/π A·m⁻¹）的面外磁场后，我们发现THz辐射强度降低了42%；而在300 K下，施加垂直于样品表面、强度为-2000 Oe的磁场时，发生THz极性反转；随着面外磁场方向的切换，THz极性恢复且强度增大[见图5.17（d）]。这些结果证实了超晶格中倾斜自旋排列的存在。

那么，(FGT/CS)₃超晶格中产生的室温自旋流到底起源于何处呢？为了探究这一问题，我们首先进行了磁光克尔测试，结果如图5.18所示。我们选择重复频率在兆赫兹量级的激光振荡器所驱动的800 nm飞秒激光作为泵浦源，400 nm飞秒激光用于探测垂直方向的超快磁分量。当泵浦光到达（即时延t=0）时，磁光克尔信号开始出现，并在1 ps后达到峰值，随后逐渐弛豫。当增大磁场强度时，我们观察到磁光克尔信号的最大值也相应增大；同时，磁场的极性变化也会导致信号极性发生相应变化。而作为对比，纯FGT在强磁场下则不存在可探测到的磁光克尔信号。

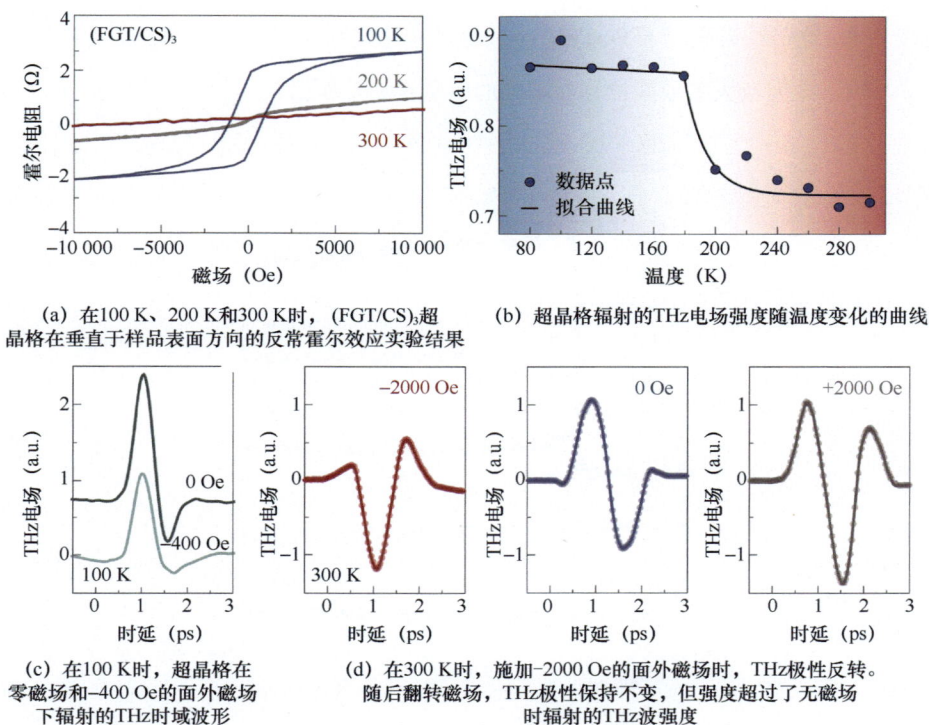

(a) 在100 K、200 K和300 K时，(FGT/CS)₃超晶格在垂直于样品表面方向的反常霍尔效应实验结果

(b) 超晶格辐射的THz电场强度随温度变化的曲线

(c) 在100 K时，超晶格在零磁场和−400 Oe的面外磁场下辐射的THz时域波形

(d) 在300 K时，施加−2000 Oe的面外磁场时，THz极性反转。随后翻转磁场，THz极性保持不变，但强度超过了无磁场时辐射的THz波强度

图 5.17　(FGT/CS)₃超晶格中温度依赖以及磁场依赖的自旋 THz 辐射

　　基于此，为了进一步揭示(FGT/CS)₃超晶格在居里温度以上所呈现的超快自旋动力学行为的内在机制，我们进行了相应的理论模拟。当飞秒激光被激发时，我们观察到总磁矩从 z 轴向 x-y 平面倾斜，而激光激发结束后，磁矩又向 z 轴重新定向，这一过程如图 5.19（b）和图 5.19（c）所示。图 5.19（d）展示了在特定时刻（50 fs、450 fs 和 850 fs）磁矩的变化情况。在没有激光激发时，FGT 中 Fe_{III} 原子的磁矩与 Fe_I 和 Fe_{II} 原子的磁矩呈反平行取向，这表明 Fe_{III} 和 Fe_I（或 Fe_{II}）原子之间存在反铁磁耦合。然而，在 450 fs 处，反铁磁耦合方向从 z 轴转变到了 x-y 平面。更重要的是，Fe_{III} 和 Fe_I（或 Fe_{II}）之间的耦合方式从反铁磁耦合变为了铁磁耦合，这导致了 50 fs 和 850 fs 两时刻之间发生磁结构的变化。此外，我们还观察到 FGT 层和 CS 层之间存在显著的相对层间位移，如图 5.19（e）所示，层间位移可定义为 Te 原子与 Cr 原子之间沿 z 轴方向的位移。我们将上述发现总结为激光增强的磁近邻效应，在这一过程中，超快激光提供了一个有效的非热通道，通过改变势能面，使整个体系能够切换至磁化增强的

磁亚稳态。这一结果来源于 FGT/CS 异质结结构中飞秒激光诱导的 Fe_{III} 原子和 Fe_I（或 Fe_{II}）原子之间较大的层间位移和增强的磁交换相互作用。

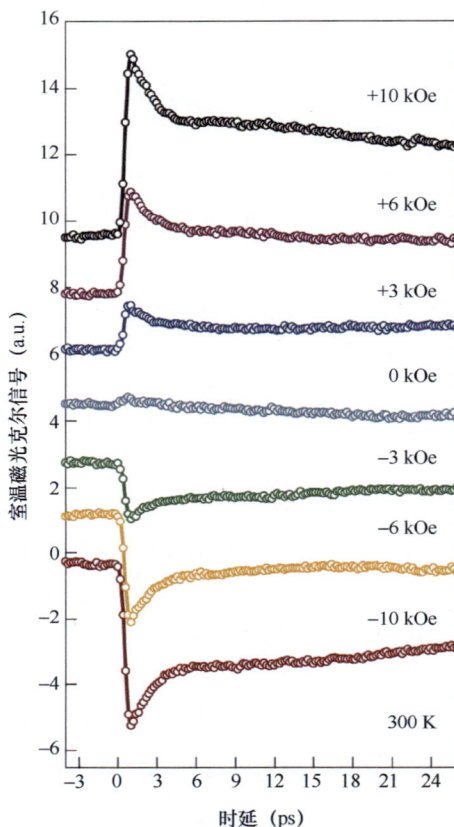

图 5.18　(FGT/CS)₃ 超晶格室温磁光克尔测试结果

乍一看，二维磁性材料在居里温度以上能够产生超快自旋流似乎是违背常理的，因为 (FGT/CS)₃ 的磁有序温度仅有 206 K，室温一般不可能产生超快自旋流。然而，综合实验及理论分析，在超快激光的激发下，(FGT/CS)₃ 超晶格对 800 nm 泵浦光的吸收导致 FGT 层和 CS 层之间的层间距离在几百飞秒内显著缩短。这一变化反过来极大地增强了磁近邻效应，从而促使 FGT 层在居里温度以上出现自旋极化。同时，CS 层的磁矩从平面外重新定向到平面内，导致 FGT 层也相应地在平面内出现自旋极化。同时，由于泵浦光子能量（1.55 eV）超过了 FGT 层和 CS 层的光学带隙，光载流子被同时激发并沿面内方向极化。由此产生的自旋流注入 CS 层，并通过 SCC

效应转换为电荷流，进而辐射出 THz 波。并且，FGT 层与 CS 层之间的强界面耦合使得超快自旋流到电荷流的转换不需要外磁场即可实现。在此过程中，相应的瞬态自旋极化响应被磁光克尔技术精确地捕捉和探测。

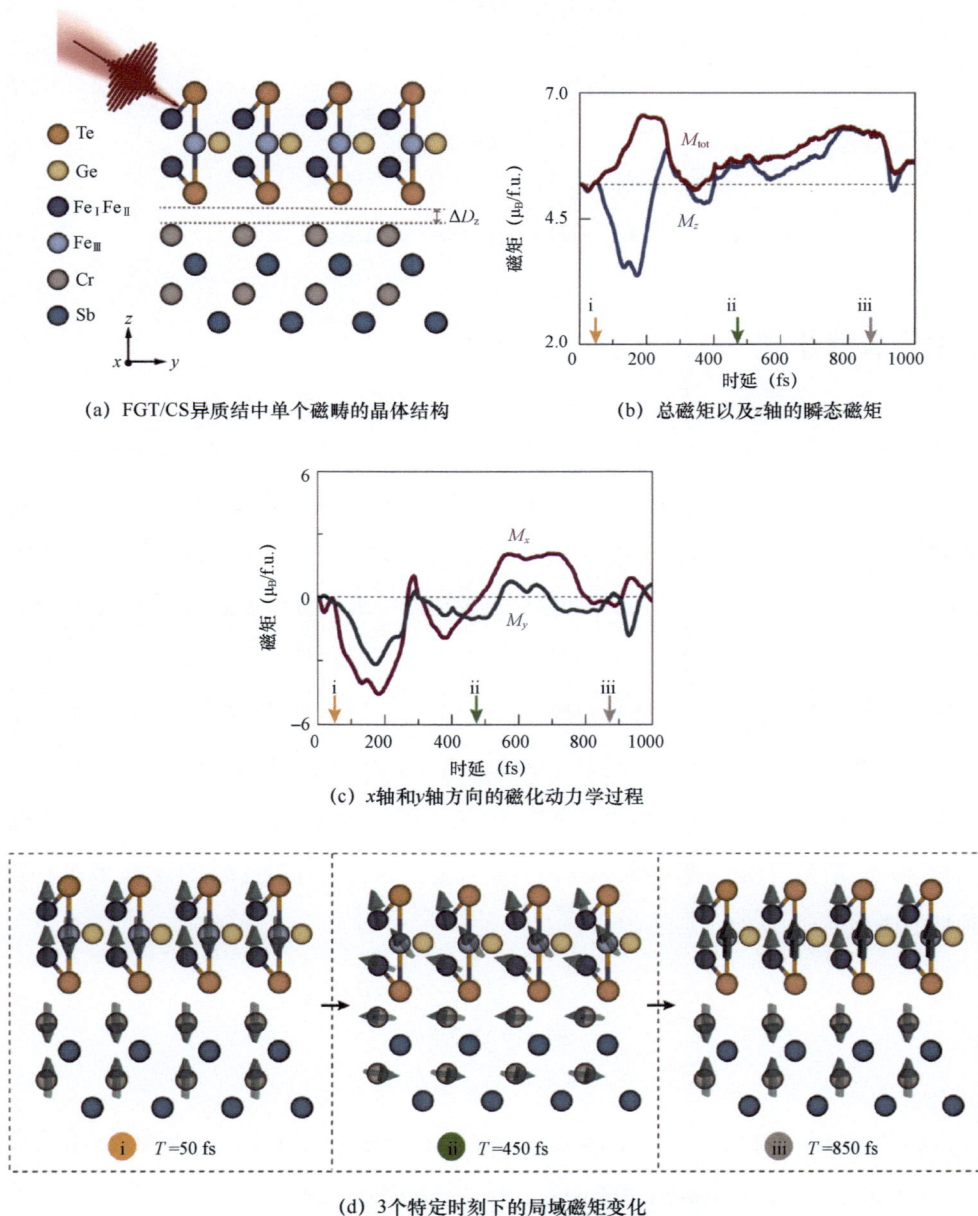

(a) FGT/CS 异质结中单个磁畴的晶体结构

(b) 总磁矩以及 z 轴的瞬态磁矩

(c) x 轴和 y 轴方向的磁化动力学过程

(d) 3 个特定时刻下的局域磁矩变化

图 5.19　基于 (FGT/CS)$_3$ 的理论模拟结果

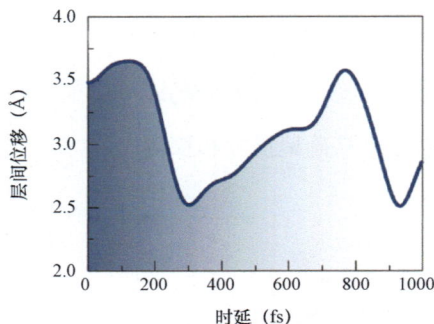

（e）激光激发期间层间位移的变化曲线

图 5.19　基于(FGT/CS)₃的理论模拟结果（续）

5.5　本章小结

　　二维材料的 THz 辐射研究近年来取得了显著进展，展现出广阔的应用前景。多种二维材料及其异质结被发现可用于高效的 THz 辐射，这些材料通过光学整流、界面偶极子形成、位移电流或注入电流等机制展示了高效的 THz 辐射性能，并可通过栅极电压、调制深度和位移电流等的控制实现辐射场的调谐和增强。此外，基于 SCC 效应的 THz 辐射也在多种异质结材料中得到研究，异质结材料的激发效率和可调制性独具优势。THz 发射光谱技术为探索二维材料背后的物理现象提供了新视角，通过对材料微观结构和电子动态的深入分析，拓宽了人们对物质本质的理解，为材料科学、物理学及相关交叉学科的研究提供了新的实验工具。同时，THz 发射光谱技术也为开发新型 THz 发射器件和探测器件奠定了基础，有望推动 THz 技术在多个领域的应用。

参考文献

[1]　GONG C, ZHANG X. Two-dimensional magnetic crystals and emergent heterostructure devices[J]. Science, 2019, 363(6428): eaav4450.

[2]　DENG Y J, YU Y J, SONG Y C, et al. Gate-tunable room-temperature

ferromagnetism in two-dimensional Fe_3GeTe_2[J]. Nature, 2018, 563(7729): 94-99.

[3]   WANG H Y, LIU Y J, WU P C, et al. Above room-temperature ferromagnetism in wafer-scale two-dimensional van der Waals Fe_3GeTe_2 tailored by a topological insulator[J]. ACS Nano, 2020, 14(8): 10045-10053.

[4]   CHEN X H, WANG H T, LIU H J, et al. Generation and control of terahertz spin currents in topology‐induced 2D ferromagnetic Fe_3GeTe_2/Bi_2Te_3 heterostructures[J]. Advanced Materials, 2022, 34(9): 2106172.

[5]   GIBERTINI M, KOPERSKI M, MORPURGO A F, et al. Magnetic 2D materials and heterostructures[J]. Nature Nanotechnology, 2019, 14(5): 408-419.

[6]   LIU S S, YANG K, LIU W Q, et al. Two-dimensional ferromagnetic superlattices[J]. National Science Review, 2020, 7(4): 745-754.

[7]   LI P Y, WU N, LIU S S, et al. Above curie temperature ultrafast terahertz emission and spin current generation in a two-dimensional superlattice $(Fe_3GeTe_2/CrSb)_3$[J]. National Science Review, 2025, 12(3): nwae447.

第 6 章　拓扑量子材料 THz 辐射

6.1　引言

　　拓扑绝缘体具有独特自旋动量锁定的表面态，在 THz 辐射、探测与调制领域展示出非常好的应用前景，为未来基于拓扑绝缘体的片上 THz 系统的实现奠定基础[1-2]。同时，作为层状材料的三维拓扑绝缘体具有内部绝缘特性，但其表面承载着具有锁定自旋和动量的大多数移动电荷载流子。同时，三维拓扑绝缘体是可调谐、高性能红外探测器和热电应用中的重要窄带隙半导体，也被证明具有优异的传输迁移率。此外，三维拓扑绝缘体中拓扑表面态的奇异性在自旋电子学中的潜在应用备受关注[3]。基于拓扑绝缘体的拓扑表面态在光电器件中也具有一定的应用潜力。

6.2　拓扑绝缘体的性质表征

　　拓扑作为一个数学概念，指的是几何图形或物体经过连续形变后的性质不发生改变。在将拓扑学引入凝聚态物理领域之前，研究者们一直在用朗道对称破缺理论解释相变，即对称性降低会产生新的有序参量。但是量子霍尔效应打破了人们的普遍认识，在该效应中，不存在任何对称破缺。根据体态-边缘态对应原理，从拓扑非平庸的内部绝缘态经过边缘过渡到拓扑数为 0 的真空必然要产生无带隙的边缘态。后来 Cui 等人发现了分数量子霍尔效应，基于对分数量子霍尔态的研究，1995年出现了拓扑序的概念。从一定意义上来说，量子霍尔态是第一个被发现的拓扑绝缘态[4]。

　　随着近年来对石墨烯等二维材料的深入研究，具有类似能带结构的拓扑绝缘体材料逐渐进入人们的视野。拓扑绝缘体与其他半导体材料的差异表现在有一个带隙较小的体态和无带隙的表面态，类似于金属薄膜。二维拓扑绝缘体的自旋动量锁定如图 6.1 所示，边界是导电的螺旋态，同一边界存在两种运输路径，向右运动的电子自旋向上，向左运动的电子则自旋向下，总电流为零，但存在净自旋流。三维拓扑绝缘体中则存在一个狄拉克锥，表面电子是狄拉克费米子。

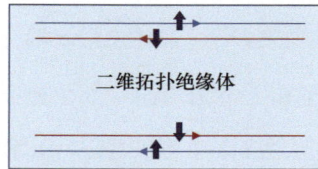

图 6.1　二维拓扑绝缘体的自旋动量锁定（黑色箭头代表自旋方向，彩色箭头代表动量方向）

拓扑绝缘体不同于其他材料的表面态特性也导致了拓扑绝缘体具有独特的光电特性及非线性光学特性。光电特性主要有两个：第一个是体态的光致传导特性，价带中的电子在受到照射后被激发到导带，由此形成的电子-空穴对改变了材料的导电性。由于拓扑绝缘体的体态带隙很小，材料很容易受到低频光子的激发，这使得材料在很宽的频带内具有良好的光电响应特性以及灵敏度；第二个特性与其类似金属的表面态有关，也就是与其具有的自旋动量锁定特性有关，拓扑绝缘体表面存在自旋流，当受到具有不同偏振态的光照射时，产生的电流方向是不同的，这导致了拓扑绝缘体材料对不同偏振态的光有不同的响应。

随着薄膜材料制备工艺和表征手段的发展，Bi_2Te_3 等拓扑绝缘体材料被作为超快光器件的优选材料，基于拓扑绝缘体材料的光电探测器、全光调制器等超快光器件陆续被报道。

2019 年和 2020 年，我们系统研究了飞秒激光泵浦的拓扑绝缘体 Bi_2Te_3 纳米薄膜产生的 THz 辐射，通过反射式光谱探究了拓扑绝缘体的 4 种辐射机理[5]，再进一步通过透射式光谱技术深入研究其中影响最大的非线性效应，并获得了具备椭圆性与主轴可控的高效手性 THz 波[6]。其中，手性 THz 波的辐射机理为圆光伏效应（Circular PhotoGalvanic Effect，CPGE），这是因为 Bi_2Te_3 具有独特自旋动量锁定的表面态，具有不同偏振特征的泵浦光会选择性激发光电流分量。而线偏振的 THz 辐射来源于飞秒激光泵浦拓扑绝缘体 Bi_2Te_3 时，材料中的 Bi-Te 原子间电子密度经历超快重新分布，形成了瞬态位移电流。该系列研究工作不仅深化了对飞秒相干控制超快自旋流的进一步理解，同时揭示了在光源处产生自旋极化 THz 波的高效途径。

实验中制备的材料为单晶拓扑绝缘体 Bi_2Te_3，结构如图 6.2 所示，这一类材料具有菱形的晶体结构，空间群类型为 D_{3d}^5，晶体由沿 z 轴方向堆叠的层组成，每个晶胞包含 5 个原子，即 2 个 Bi 原子和 3 个 Te 原子，5 个连续的原子层构成一个"五层"（Quintuple Layer，QL）结构。从图 6.2 中可以看出，Bi 和 Te 的原子层互相交替出现，由于 Bi 和 Te 之间存在化学键，所以耦合作用比较强，每个 QL 结构之间由弱范德瓦耳斯键来连接。晶体关于 z 轴方向存在三重旋转对称性，关于 x 轴方向存在双重旋转对称性。但是，晶体表面态的旋转对称性被破坏，晶体对称性从 D_{3d}^5 降低为 C_{3v}，因此晶体关于 z 轴呈现三重旋转对称性并且关于 y 轴呈镜面对称。这些材料有独特的优势：晶体结构简单，易于合成；带隙大，为发展自旋电子器件创造了可能。

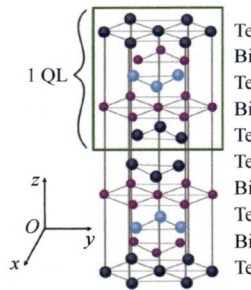

图 6.2　拓扑绝缘体结构

制备出样品后，我们对这些样品进行了表征，包括 X 射线衍射（X-Ray Diffraction，XRD）和 AFM 探测等。AFM 可以用来研究固体材料的表面结构，通过检测样品表面与一个微型力敏感元件之间的极微弱的原子间相互作用力来研究物质的表面结构及性质。固定对微弱力非常敏感的微悬臂的一端，另一端的小针尖靠近待测样品，针尖与样品之间的作用力使微悬臂发生形变或使其运动状态发生改变，然后利用传感器检测这些变化，就可以获得作用力分布信息，从而以纳米级分辨率获得表面结构信息及表面粗糙度信息。在 AFM 中观察到的 10 nm 厚的 Bi_2Te_3 图像如图 6.3 所示，可以看出典型的阶梯特征，图 6.3（b）中每个台阶的高度对应图 6.3（a）中的阶梯厚度，从图 6.3（b）中可以读出每个台阶的高度大约为 1 nm，与每个 QL 结构的厚度（大约为 0.955 nm）一致。由于范德瓦耳斯外延生长模式，生长过程中晶格失配产生的弛豫最小化使 Bi_2Te_3 可以在蓝宝石上基于其自身的晶格常数生长，生长质量可以通过图 6.3（c）所示的 XRD 图进行验证。图 6.3（c）所示的 XRD 结果显示，属于（003）族的尖峰与拓扑绝缘体的六方晶系结构相符，表明生长的薄膜质量很好。

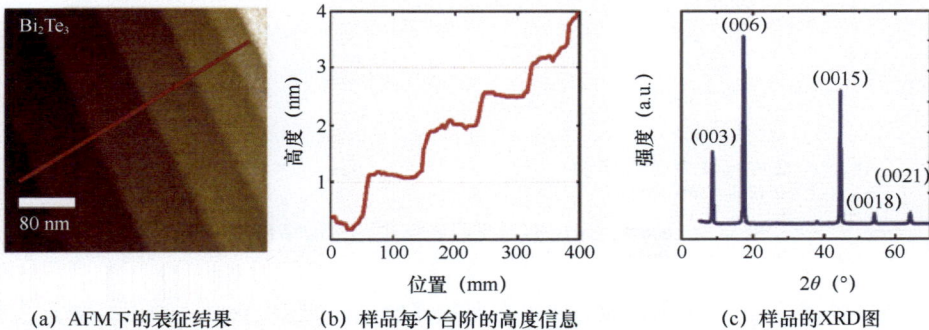

(a) AFM 下的表征结果　　(b) 样品每个台阶的高度信息　　(c) 样品的 XRD 图

图 6.3　拓扑绝缘体 Bi_2Te_3 的表征结果

6.3　拓扑绝缘体反射式 THz 发射光谱

6.3.1　THz 辐射常用手段

飞秒激光是产生 THz 辐射的常用手段。在我们制备的 Bi_2Te_3/Ge 样品中，无论是 Bi_2Te_3，还是 Ge，在飞秒激光的照射下，都有可能产生 THz 辐射。并且，Bi_2Te_3 和 Ge 之间存在的异质结让我们的系统变得更加复杂。为了确定 THz 辐射的具体来源，首先制作了两块 Bi_2Te_3/Ge 样品，其中 Bi_2Te_3 的厚度分别为 8 nm 和 11 nm。同时，用 Ge 衬底作为参照物进行对照实验。两块厚度不同的 Bi_2Te_3/Ge 样品和 Ge 衬底在 THz 时域光谱系统中的实验结果如图 6.4 所示。

(a) 不同厚度样品的实验结果对比

(b) 入射激光分别为左旋圆极化和
右旋圆极化的实验结果对比

(c) Bi_2Te_3/Ge样品和Ge衬底的实验结果对比

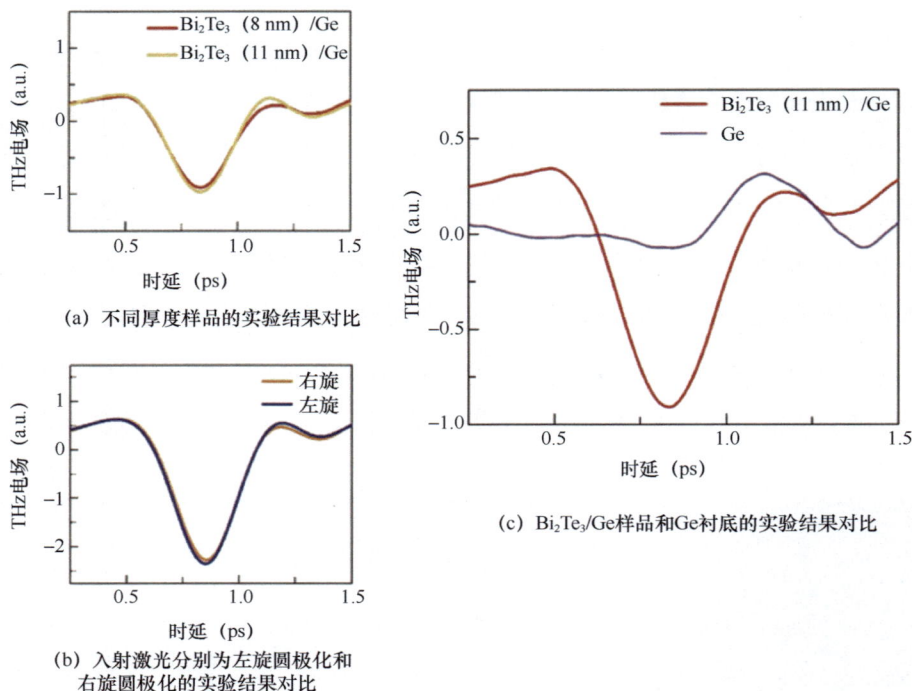

图 6.4　THz 时域光谱系统中的实验结果

　　首先测量了 p 偏振飞秒激光照射在两块厚度不同的 Bi_2Te_3/Ge 样品后所产生的 THz 辐射信号，如图 6.4（a）所示。实验结果表明，两个样品的 THz 时域波形几乎相同，说明 THz 辐射与 Bi_2Te_3 的厚度无关。因此，通过反射方式测量到的 THz 波仅来源于 Bi_2Te_3 的上表面。这是因为，在激光的照射下，Bi_2Te_3 的上表面存在高密度的自由电子层，对内部可能产生的 THz 辐射进行了吸收或反射。因此，本书讨论的 THz 辐射全部来自 Bi_2Te_3，与 Ge 无关。

　　图 6.4（b）表明在左旋圆极化和右旋圆极化激光的激发下，辐射的 THz 时域波形几乎相同。左旋/右旋圆极化激光在 Bi_2Te_3/Ge 样品中激发的自由电子的自旋方向相反，因此实验结果表明探测到的 THz 辐射和电子自旋无关，实验结果不受自旋霍尔效应等自旋相关效应的影响。

　　图 6.4（c）对比了单独 Ge 衬底和 Bi_2Te_3/Ge 样品的 THz 辐射，发现拓扑绝缘体薄膜的存在使 THz 辐射强度大幅增强，说明拓扑绝缘体材料产生 THz 波的效率比

Ge 半导体的更高。这表明拓扑绝缘体在未来集成化的 THz 系统中具有很大的应用潜力，值得深入研究。

6.3.2　THz 辐射来源

THz 辐射来源于拓扑绝缘体表面的超快电流。飞秒激光照射在拓扑绝缘体上产生 THz 辐射的机理有很多，可分为线性效应和非线性效应。这里的线性效应指的是表面电流和电场强度呈线性关系，表面电流包括漂移电流 $J_{\mathrm{dri}}^{\mathrm{L}}$ 和扩散电流 $J_{\mathrm{dif}}^{\mathrm{L}}$。而非线性效应指的是表面电流和电场强度呈非线性关系，相较线性电流更为复杂，非线性效应包括光学整流效应、光电压效应、光迁移效应等。为了简化问题，本章只把非线性电流基于电流方向分为纵向非线性电流 $J_{\mathrm{nl}}^{\mathrm{L}}$ 和横向非线性电流 $J_{\mathrm{nl}}^{\mathrm{T}}$，对于不同种类的非线性效应不做进一步分析。在这里，纵向指的是垂直于样品表面的方向，即图 6.5 中的 z 轴方向；横向指的是沿样品表面的方向，即图 6.5 中的 y 轴方向。因此，总电流 J 可表示为

$$J = \left(J_{\mathrm{dri}}^{\mathrm{L}} + J_{\mathrm{dif}}^{\mathrm{L}} \right) + \left(J_{\mathrm{nl}}^{\mathrm{L}} + J_{\mathrm{nl}}^{\mathrm{T}} \right) \tag{6.1}$$

图 6.5 给出了 4 种电流的示意。

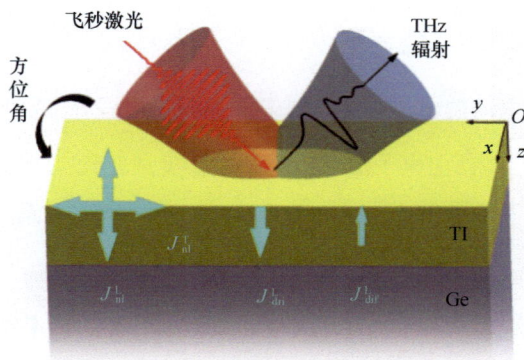

图 6.5　THz 辐射机理示意

下面详细讨论线性效应和非线性效应的物理机理。

1.　线性效应

线性效应所产生的线性电流和电压成正比，电压来自飞秒激光。实验所采用的飞秒激光的中心波长为 800 nm，对应的单光子能量为 1.55 eV。拓扑绝缘体 Bi_2Te_3 的

带隙约为 0.15 eV，远小于单光子能量。因此，当飞秒激光照射在拓扑绝缘体上时，电子从本征态跃迁到激发态，成为自由电子。自由电子受到拓扑绝缘体的表面耗尽场和自由电子浓度差的共同作用而运动，形成线性电流。其中，自由电子在表面耗尽场的作用下运动，称作漂移电流；自由电子在自由电子浓度差的作用下做漂移运动，称作扩散电流。下面依次对漂移电流和扩散电流进行分析。

由于费米能级的钉扎效应，拓扑绝缘体在和空气的界面处会形成表面耗尽场 E_s。这个电场与外加的激光脉冲无关，电场方向始终为纵向。然而，自由电子的浓度 N 和外加激光脉冲的功率密度 I_{photon} 成正比。漂移电流 J_{dri}^L 可表示为

$$J_{dri}^L = Ne\mu E_s \propto I_{photon} \tag{6.2}$$

式中，e 表示自由电子电量，μ 表示自由电子的迁移率。由此可见，漂移电流 J_{dri}^L 的大小和外加激光脉冲的功率密度 I_{photon} 成正比，电流方向为纵向。

当飞秒激光照射到拓扑绝缘体表面时，会激发自由电子-空穴对，浓度从表面向内单调递减，形成浓度差。在浓度差的作用下，自由电子和空穴自发地向样品内部运动。由于自由电子的迁移率比空穴的高，且自由电子带负电，形成了方向向外的扩散电流。这个效应又被称作光致丹倍效应。类似地，扩散电流 J_{dif}^L 可表示为

$$J_{dif}^L = Ne\mu E_d \propto N\frac{\partial N}{\partial z} \propto I_{photon}^2 \tag{6.3}$$

式中，E_d 表示丹倍电场的电场强度，z 表示纵向坐标。E_d 是由自由电子-空穴对的浓度差导致的，因此和自由电子沿纵向的密度梯度成正比。又由于自由电子的浓度 N 与 I_{photon} 成正比，因此，扩散电流 J_{dif}^L 和 I_{photon} 呈二次方关系，方向同样为纵向，指向样品外部。

由此可见，在实验中，可以通过改变外加激光脉冲的功率密度来分离扩散电流和漂移电流。

2. 非线性效应

非线性效应所产生的非线性电流和电场强度呈非线性关系，可以实现频率的变换。由于三阶及以上的非线性效应通常较弱，因此本章只考虑二阶非线性效应，包括光整流效应、光电压效应、光迁移效应等。这些二阶非线性效应可以把外加激光

脉冲的远红外频段通过差频变到 THz 频段。本章把非线性效应产生的电流按照方向不同分为横向非线性电流 J_{nl}^{T} 和纵向非线性电流 J_{nl}^{L}。其中 J_{nl}^{L} 可以表示为

$$J_{nl}^{L} = \chi_{eff}^{(2)} \left| E_{photon} \right|^{2} \propto I_{photon} \tag{6.4}$$

式中，$\chi_{eff}^{(2)}$ 表示拓扑绝缘体的等效二阶非线性系数，E_{photon} 表示泵浦光脉冲的电场强度。由此可见，纵向非线性电流 J_{nl}^{L} 和 I_{photon} 成正比。

综上所述，飞秒激光照射在拓扑绝缘体表面产生 THz 辐射的机理，可以分为线性效应和非线性效应。其中，线性效应产生漂移电流 J_{dri}^{L} 和扩散电流 J_{dif}^{L}，方向均沿纵向，并且扩散电流 J_{dif}^{L} 的方向向外。漂移电流 J_{dri}^{L} 和外加激光脉冲的功率密度 I_{photon} 成正比，扩散电流 J_{dif}^{L} 和外加激光脉冲的功率密度 I_{photon} 呈二次方关系。非线性效应产生非线性电流，分为横向非线性电流 J_{nl}^{T} 和纵向非线性电流 J_{nl}^{L}。

6.3.3　拓扑绝缘体 THz 辐射实验结果

1. THz 纵向电流和横向电流的分离

在前文的实验结果中，已经探测到了 THz 辐射信号，并得知 THz 辐射只来自样品表面的 THz 电流。在此基础上，我们旋转样品的方位角，发现 THz 辐射与样品的方位角高度相关。实验结果如图 6.6 所示。

图 6.6（a）展示了样品方位角为 0°、30°、60°和 90°的实验结果，其中方位角为 0°和 60°时的 THz 辐射方向相反，而方位角为 30°和 90°时的 THz 辐射情形类似。与此同时，THz 辐射信号和方位角的关系呈现 120°的周期性。THz 辐射信号和方位角的相关性只可能是由 THz 横向电流（下文所述 THz 横向电流均为 THz 横向非线性电流）引起的，与纵向电流无关。为了更好地观察这一现象，在图 6.6（b）中，把方位角为 0°、30°、60°和 90°的 4 个 THz 辐射信号取平均值，得到与方位角无关的 THz 辐射信号，对应 THz 纵向电流；在图 6.6（c）中，把方位角为 0°、30°、60°和 90°的 4 个 THz 辐射信号分别减去平均值，得到与方位角相关的 THz 辐射信号，对应横向电流。

THz 横向电流与方位角的 120°周期性对应 Bi_2Te_3 晶体结构。Bi_2Te_3 晶体结构沿纵向有 QL 结构，从而形成斜方六面体晶体结构。这里，图 6.6（d）所示为 Bi_2Te_3 在不同方位角下的晶体结构。考虑到 THz 电流只在 Bi_2Te_3 表面，只画了最靠近表面

的两层原子，每个 Te 原子和 3 个 Bi 原子相连，在 x-y 平面上，键与键的夹角为 120°，这说明 THz 横向电流和原子结构有关。方位角为 0°和 60°时的 THz 横向电流反向，对应 Bi-Te 键在 y 轴方向上的反向。与此同时，方位角为 30°和 90°时的 THz 横向电流几乎为 0，对应 Bi-Te 键在 y 轴方向上的对称性。这表明 THz 横向电流是沿 Bi-Te 键流动的。

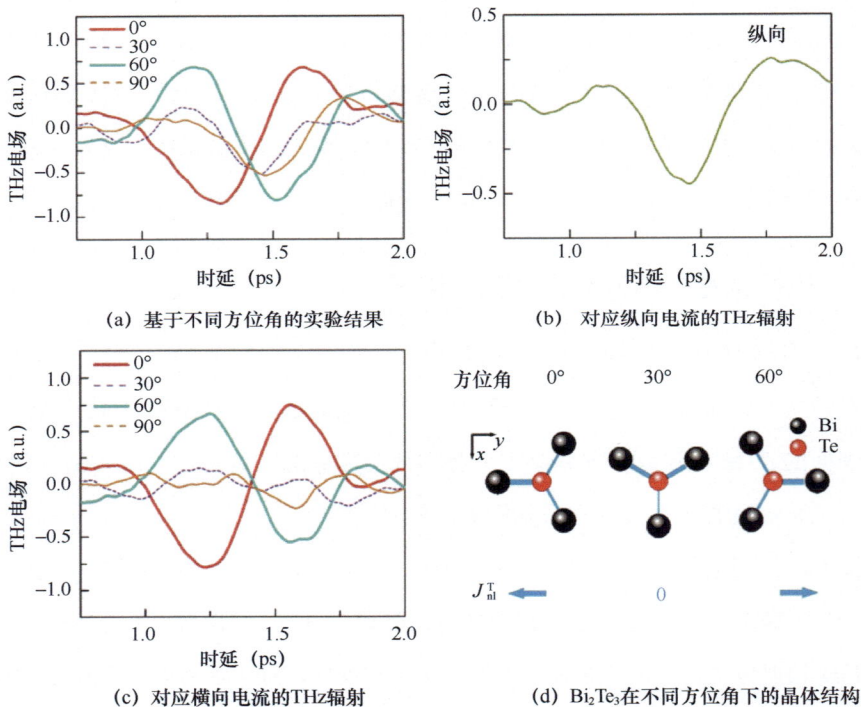

(a) 基于不同方位角的实验结果

(b) 对应纵向电流的THz辐射

(c) 对应横向电流的THz辐射

(d) Bi₂Te₃在不同方位角下的晶体结构

图 6.6   THz 辐射实验结果

2. THz 横向电流

为了进一步证明前文观点，在实验中固定样品的方位角，改变泵浦光偏振方向。如果前文观点成立，则 THz 横向电流的方向与泵浦光的偏振方向相同。由于实验系统只探测 p 偏振的 THz 辐射，因此对于横向电流而言，只有沿 y 轴方向的投影部分才能被探测到。因此，THz 辐射信号的振幅应当与泵浦光偏振方向呈三角函数关系。实验结果如图 6.7 所示。

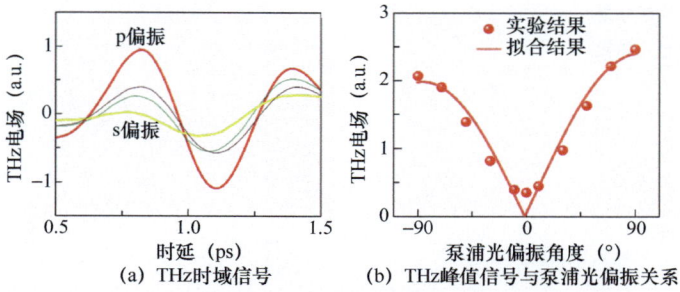

(a) THz 时域信号　　　　　　(b) THz 峰值信号与泵浦光偏振关系

图 6.7　THz 横向电流与泵浦光偏振方向关系的实验结果

图 6.7（a）中，p 偏振激光激发的 THz 辐射最强，s 偏振激光激发的 THz 辐射信号几乎为 0。图 6.7（b）中的数据点代表当泵浦光的偏振方向连续变化时的 THz 辐射信号的峰值，与 sin 函数的绝对值曲线拟合较好。当泵浦光的偏振角度为 0°，即 s 偏振时，THz 辐射的微弱信号来源于纵向电流的干扰。实验结果进一步证实了 THz 横向电流的流动方向沿 Bi-Te 键。

3. THz 纵向电流

THz 纵向电流包括漂移电流 J_{dri}^{L}、扩散电流 J_{dif}^{L} 和纵向非线性电流 J_{nl}^{L}。前文的理论分析已经得出，漂移电流 J_{dri}^{L} 和纵向非线性电流 J_{nl}^{L} 与外加激光脉冲的功率密度 I_{photon} 成正比，而扩散电流 J_{dif}^{L} 和外加激光脉冲的功率密度 I_{photon} 呈二次方关系。利用这个关系，我们可以从中分离出扩散电流 J_{dif}^{L}。

把样品的方位角固定为 30°，排除横向电流的干扰，研究 THz 纵向电流。利用连续的衰减片改变入射激光的功率密度，测量 THz 辐射信号的峰值，并用二次函数进行拟合。结果如图 6.8 所示。

如图 6.8（a）所示，改变泵浦功率时，THz 峰值信号的实验结果可以很好地用二次曲线拟合，且一次项占据主导地位。图 6.8（b）中，对不同功率激光照射下的 THz 辐射信号在每时刻的值分别做二次曲线拟合，一次项为漂移电流与纵向非线性电流的和，用蓝线表示；二次项为扩散电流，将其扩大 10 倍后用绿线表示。可以看到，漂移电流与纵向非线性电流的和比扩散电流大了一个数量级，占主导地位。同时，二者方向相反。根据理论分析，得知扩散电流的方向始终向外，因此漂移电流叠加纵向非线性电流后的电流方向向内。

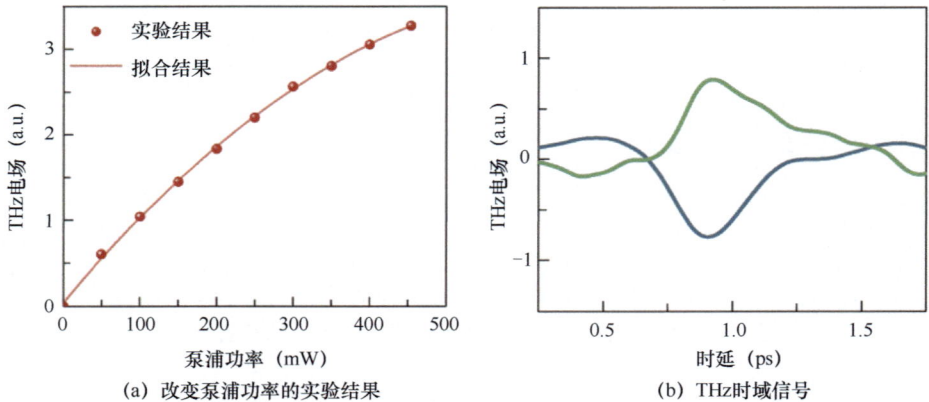

(a) 改变泵浦功率的实验结果　　　　　　(b) THz 时域信号

图 6.8　THz 纵向电流的分解结果

　　漂移电流与纵向非线性电流的进一步分离则有一定难度。一个思路是制作两块掺杂浓度相同的 P 型和 N 型 Bi_2Te_3 样品，两块样品的漂移电流方向相反，在掺杂浓度较低时纵向非线性电流可近似看作与掺杂浓度无关。对两块样品的 THz 辐射实验结果取平均值，就可分离出纵向非线性电流。但由于 Bi_2Te_3 表面电场不仅与外界掺杂有关，还受到 Te 空缺和 Bi/Te 反位两种缺陷的竞争作用，因此实现起来会有一定的难度。

4. THz 电流汇总

　　经过上述电流分离，最终得到的各类 THz 电流如图 6.9 所示。

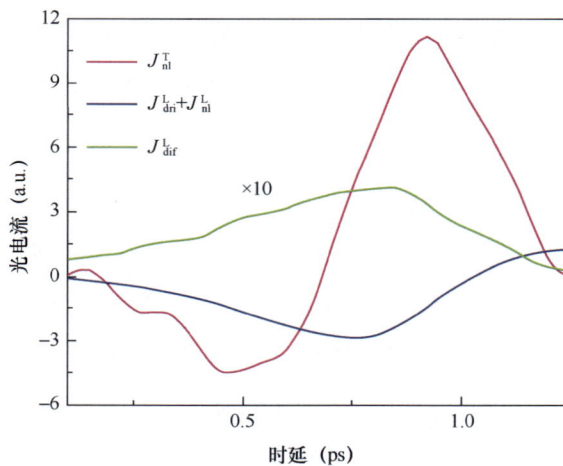

图 6.9　各类 THz 电流

横向电流 $J_{\mathrm{nl}}^{\mathrm{T}}$ 占主导地位，电流沿 Bi-Te 键流动，与样品的方位角呈 120° 的周期关系，且方位角转动 60° 时电流会反向；漂移电流 $J_{\mathrm{dri}}^{\mathrm{L}}$ 与纵向非线性电流 $J_{\mathrm{nl}}^{\mathrm{L}}$ 的和占次要地位，其方向向内；扩散电流 $J_{\mathrm{dif}}^{\mathrm{L}}$ 则更加微弱，方向向外。

6.3.4　GaAs 与拓扑绝缘体 THz 辐射对比

下面对半导体进行类似的实验。由于 Ge 的 THz 辐射信号较弱，易受干扰，难以测量，因此选用 GaAs 测量其 THz 辐射情况。

GaAs 属于Ⅲ-Ⅴ族化合物半导体，在 THz 领域是一种常用的半导体材料，晶体结构为闪锌矿结构。为了和拓扑绝缘体的实验结果对比，选用本征 GaAs 晶体的（111）面进行实验，晶体表面两层原子结构与 Bi_2Te_3 表面两层原子结构类似，每个 Ga 与 3 个 As 连接，在俯视图中键与键的夹角为 120°。实验选用的 GaAs 样品的电阻率约为 107 Ω·cm。

GaAs 的实验结果表明，在旋转样品方位角时，THz 辐射信号并未反向，只是有轻微的变化，THz 辐射信号和方位角之间依然呈现 120° 的周期性，如图 6.10 所示。

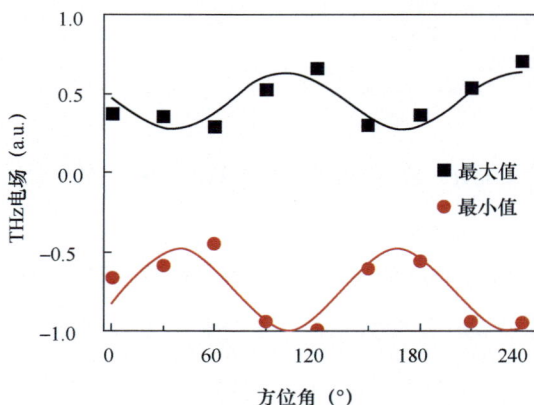

图 6.10　GaAs THz 辐射信号的最大值、最小值和方位角的关系

图 6.10 中 THz 辐射信号的最大值和最小值均可以用三角函数拟合，再次论证了理论分析中 THz 非线性电流沿原子键流动。GaAs 样品中的纵向电流占主导地

位，而 Bi_2Te_3 样品中的横向电流占主导地位，这说明 Bi_2Te_3 拓扑绝缘体在横向电流方面具有独特的优势，进一步表明了拓扑绝缘体在未来高速器件中具有广阔的应用前景。

6.4 线偏振激光激发下的拓扑绝缘体透射式 THz 发射光谱

6.4.1 线偏振激光入射实验

飞秒激光在室温下经过分束镜、离轴抛物面镜等器件聚焦到 10 nm 厚的 Bi_2Te_3 薄膜上，本章实验主要改变的是二分之一波片的角度 α 和拓扑绝缘体的方位角 φ。图 6.11 所示为线偏振激光入射时辐射 THz 波的示意。

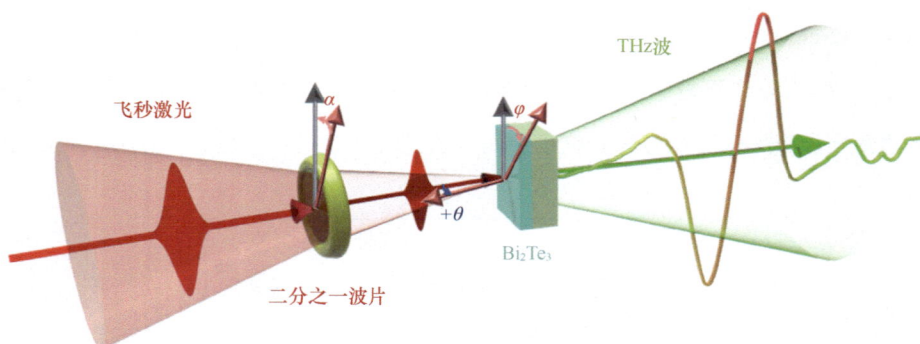

图 6.11 线偏振激光入射时辐射 THz 波的示意

实验中关注的重点是 THz 波的偏振态，所以在测量时必须测量水平方向和竖直方向上的 THz 分量，采用的测量方式是在电光取样之前加两个 THz 偏振片，两个偏振片的角度相差 45°，这样就算产生的是圆偏振 THz 波，其经过偏振片后均变为探测方向上的线偏振 THz 波。保持第二个偏振片的角度不变，将第一个偏振片顺时针旋转 90°，继续探测与第一个探测方向垂直方向上的 THz 分量。将两个 THz 分量一个作为横轴，一个作为纵轴，即可以呈现 THz 波的初始偏振状态。图 6.12 所示为偏振测量装置示意。

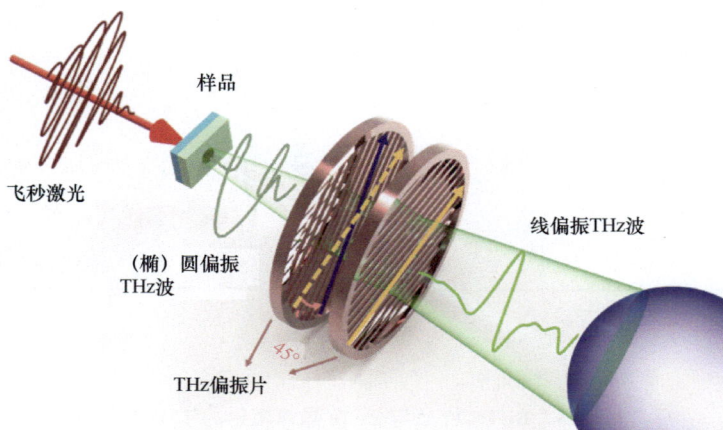

图 6.12　偏振测量装置示意

在传统 THz 发射器中，非线性晶体 ZnTe 的辐射效率很高。首先将 Bi_2Te_3 样品与 1 mm ZnTe 晶体的辐射效率进行对比，如图 6.13（a）所示，当飞秒激光的功率相同时，1 mm ZnTe 晶体的 THz 时域信号振幅约为 10 nm Bi_2Te_3 薄膜的 20 倍，在此对比下，虽然 Bi_2Te_3 的薄膜厚度比 ZnTe 的小很多个数量级，但是 THz 辐射能量只小 1 个数量级。如图 6.13（b）所示，两种源辐射的 THz 波的频率范围都可以为 0～2.5 THz，并且基于拓扑绝缘体的 THz 源具有更高的功能自由度和可比拟的信噪比，能够实现应用，如 THz 圆二色光谱、基于偏振的成像及信息安全等方面，这表明拓扑绝缘体可以与传统的非线性 ZnTe 源相媲美，高 THz 波产生效率使拓扑绝缘体在集成 THz 器件和系统、偏振灵敏度研究等方面具有明显的优势与应用前景。

利用透射式 THz 发射光谱，使用 Bi_2Te_3/Al_2O_3 样品（Bi_2Te_3 的厚度为 10 nm，Al_2O_3 材料是衬底，不辐射 THz 波），固定 p 偏振的激光入射，让样品方位角每次改变 10°，探测到的 x 轴和 y 轴方向上的信号如图 6.14 所示。对于 x 轴分量，当方位角是 0°时，信号很难分辨出来；当方位角从 0°变化到 30°时，信号在持续增长；当方位角从 30°变化到 60°时，信号在衰减；当方位角从 60°变化到 120°时，信号的变化趋势与 0°到 60°的完全相反。对于 y 轴分量，THz 信号的相位与 x 轴方向上的完全相反，当方位角从 0°变化到 30°时，信号持续衰减；方位角从 30°变化到 60°的过程中，信号持续增长。

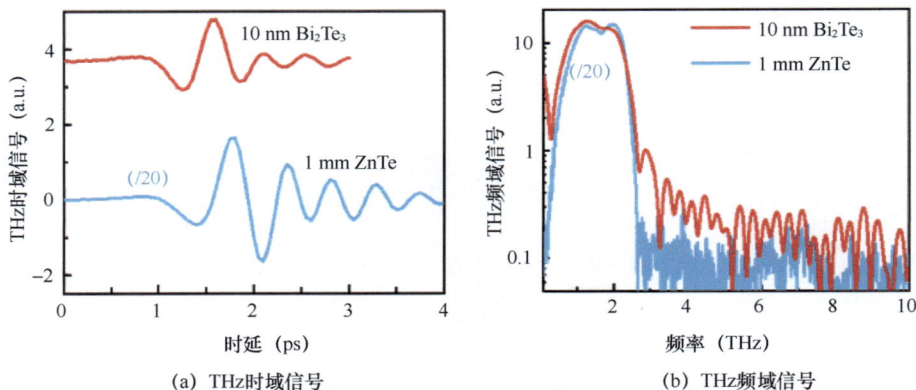

(a) THz时域信号

(b) THz频域信号

图 6.13　Bi$_2$Te$_3$ 样品与 ZnTe 晶体辐射的 THz 信号对比

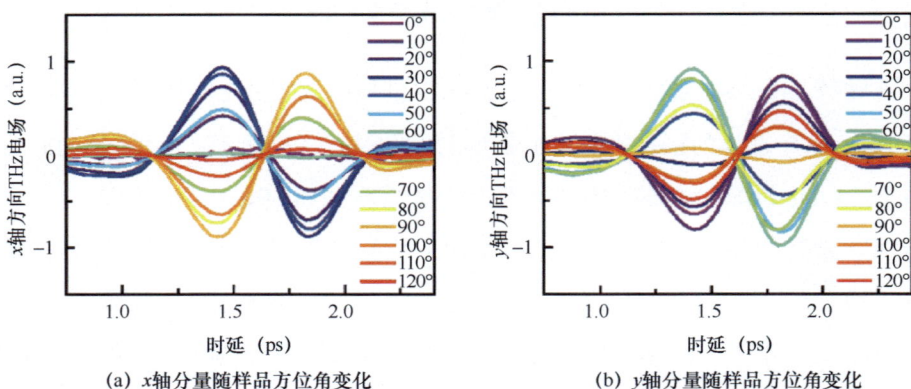

(a) x 轴分量随样品方位角变化

(b) y 轴分量随样品方位角变化

图 6.14　THz 分量随样品方位角变化的结果

　　将图 6.14 中两个方向上的分量一个作为横坐标，一个作为纵坐标，合成具有偏振状态的 THz 波时，结果如图 6.15（a）所示。我们发现，改变方位角大小时，辐射的 THz 波偏振状态一直是线偏振，方位角每改变 30°，辐射的 THz 波偏振方向相互垂直；每改变 60°，偏振方向完全重合。图 6.15（b）展示的是每个方位角下辐射的 THz 信号的 y 轴分量的峰值变化，可以看出峰值对样品方位角的依赖周期是 120°。

　　当固定样品方位角 φ 并改变激光的偏振状态时，也就是改变二分之一波片的角度 α 时，探测到的 THz 波偏振状态如图 6.16 所示。当二分之一波片的角度每改变 $\Delta\alpha$，线偏振激光的偏振方向就改变 $2\Delta\alpha$，出射的 THz 波的偏振方向改变 $4\Delta\alpha$。

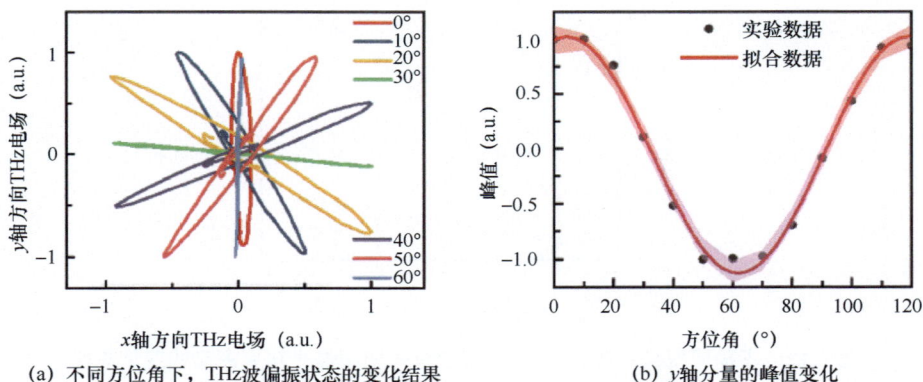

(a) 不同方位角下，THz 波偏振状态的变化结果

(b) y 轴分量的峰值变化

图 6.15　随样品方位角变化的 THz 波偏振状态

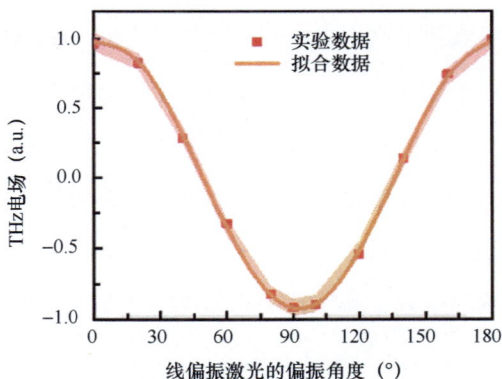

图 6.16　随线偏振激光偏振角度变化的 THz 波偏振状态

不管是样品方位角改变还是二分之一波片的角度改变，激光的偏振方向与 THz 波偏振方向的相对变化均为变化条件（方位角等）的两倍。这一点说明拓扑绝缘体辐射 THz 波的过程为非线性效应。正如前文分析的那样，发生在拓扑绝缘体表面的若为线性效应，辐射的 THz 波偏振方向不会受到激光偏振的影响。

如图 6.17 所示，随着泵浦光功率密度的增大，不同厚度的 Bi_2Te_3 样品辐射出的 THz 峰值信号是线性增长的，结合图 6.14 所示的结果，我们可以得到以下结论：当线偏振的泵浦光入射到拓扑绝缘体上时，在 THz 辐射中占主导地位的效应是一个二阶非线性效应。

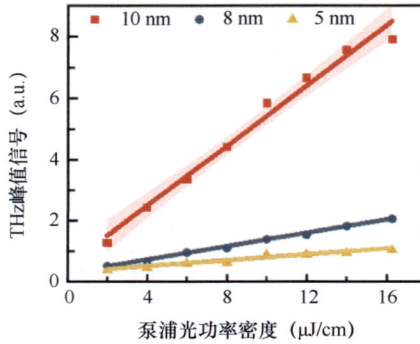

图 6.17 不同厚度样品辐射的 THz 峰值信号随泵浦光功率密度的变化规律

6.4.2 表面电流推导

为了探究在拓扑绝缘体上产生光电流的原因与大小，需要通过探测到的 THz 信号推导出光电流。在这个推导过程中主要使用的是欧姆定律与远场定理。

首先，将探测到的光电信号记为 $S(t)$，频域信号记为 $S(\omega)$。通过查询多个文献可以得到微波在空气中传播的传递函数和电光取样中微波在 ZnTe 晶体中传播的传递函数，用 $H(\omega)$ 表示总传递函数[见图 6.18（a）]，也就是在空气中传播与在 ZnTe 晶体中传播的传递函数的乘积，测得的光电流频域信号[见图 6.18（b）]与样品表面附近的 THz 电场 $E(\omega)$ 在频域上满足以下关系。

$$S(\omega)=H(\omega)E(\omega) \tag{6.5}$$

所以通过式（6.5）就得到样品表面附近的电场频域信号 $E(\omega)$，ω 为角频率，如图 6.18（c）所示。使用如下的广义欧姆定律公式得到 Bi_2Te_3 表面的光电流频域信号。

$$J_x(\omega) = -\frac{\cos\theta + \sqrt{n^2 - \sin^2\theta}}{Z_0}E_x(\omega) \tag{6.6}$$

$$J_{yz}(\omega) = -\frac{n^2\cos\theta + \sqrt{n^2 - \sin^2\theta}}{Z_0\sqrt{n^2 - \sin^2\theta}}E_{yz}(\omega) \tag{6.7}$$

式（6.6）表示面外电流，式（6.7）表示面内电流，θ 表示入射角，n 是 Bi_2Te_3 的复折射率[见图 6.18（d）]，$Z_0 \approx 377\ \Omega$ 为真空阻抗，光电流频域信号 $J(\omega)$ 如图 6.18（e）所示，光电流时域信号 $J(t)$ 可以通过对频域信号 $J(\omega)$ 进行傅里叶逆变换得到，如图 6.18（f）所示。

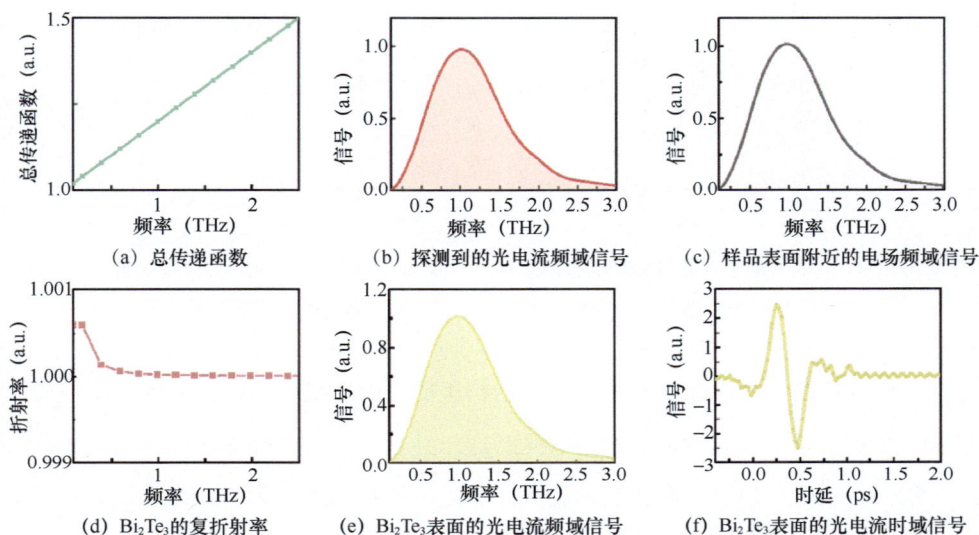

(a) 总传递函数　　(b) 探测到的光电流频域信号　　(c) 样品表面附近的电场频域信号

(d) Bi₂Te₃的复折射率　　(e) Bi₂Te₃表面的光电流频域信号　　(f) Bi₂Te₃表面的光电流时域信号

图 6.18　由探测到的 THz 信号推导样品表面光电流的过程

在后续的分析中将进行表面电流的理论推导, 将理论推导出的电流与从 THz 信号推导出的电流进行对比, 即可以证实发生在拓扑绝缘体上的物理过程。

6.4.3　理论分析

在拓扑绝缘体上发生的非线性效应的辐射机理主要包括光学整流效应、线光子牵引效应和光伏效应。众所周知, 在波长为 800 nm 的飞秒激光照射下会有非常强的光学整流效应产生, 根据拓扑绝缘体与 ZnTe 晶体中信号的对比, 发现归一化样品厚度后从拓扑绝缘体中辐射的信号要比 ZnTe 的信号大 3 个数量级, 所以我们可以排除光学整流效应的主导地位。线光子牵引效应在微观上可以理解为从光子动量到电子动量的转移, 这意味着当确定入射光的线偏振状态, 仅改变入射角方向时, 我们应该可以获得极性相反的 THz 信号。但是, 在我们的实验中, 如图 6.19 所示, 当改变入射角的方向时, 我们探测到的 x 轴和 y 轴方向上的 THz 信号都没有反向。因此, 在线偏振激光入射时, 线光子牵引效应也是不占主导地位的。

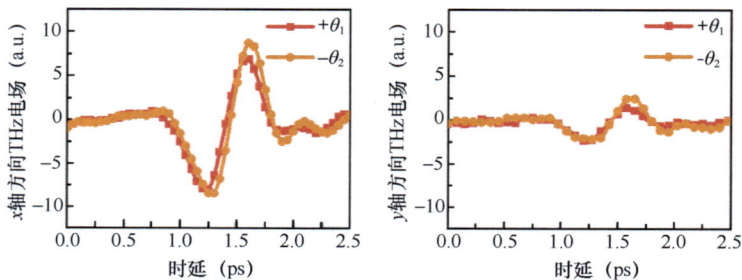

(a) x轴方向THz信号振幅与入射角关系　　(b) y轴方向THz信号振幅与入射角关系

图 6.19　改变入射角方向时 x 轴和 y 轴方向上的 THz 信号

光伏效应是一个发生在非中心对称结构里的二阶非线性效应。从微观物理图像来看，光伏效应可以理解成表面态的光跃迁，并且可以分为线光伏效应和圆光伏效应。线光伏电流，也可以叫作位移电流，即当飞秒激光入射到拓扑绝缘体上时，电子密度分布沿着 Bi-Te 键从图 6.20 所示的状态（1）变化到状态（2），在此过程中还伴随着由光电场引起的弛豫过程，比如非对称散射。

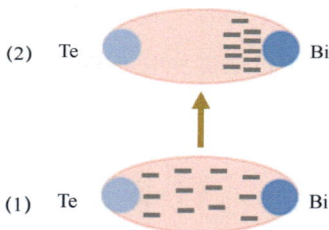

图 6.20　二维体系中的自旋动量锁定

对于 THz 辐射过程中的机理，我们可以通过分析 THz 信号的对称性来研究其在 x 轴和 y 轴方向上的行为。THz 信号的三重对称性是与拓扑绝缘体表面和体态的空间点群分布相一致的，所以我们可以将二维形式的 THz 信号 $S(t,\varphi)$ 写成基于 3 个基的线性组合，即

$$S(t,\varphi) = A(t) + B(t)\sin(3\varphi) + C(t)\cos(3\varphi) \qquad (6.8)$$

利用 3 个基可以完全表示 $S(t,\varphi)$。在 3 个系数中，B 和 C 代表依赖线光伏效应的分量；A 代表直流分量，与样品被光照射时引发的热效应有关。

A、B、C 是用 $S(t,\varphi)$ 分别乘以 $1/2\pi$、$\sin(3\varphi)/\pi$ 和 $\cos(3\varphi)/\pi$，然后对 φ 进行积分

得到的。

　　A、B、C 3 个系数如图 6.21 所示,很明显热电流的贡献比位移电流的贡献小很多。因此当材料被光照射时,热效应可以被忽略。我们只需要考虑在产生线偏振 THz 波的过程中位移电流的作用。

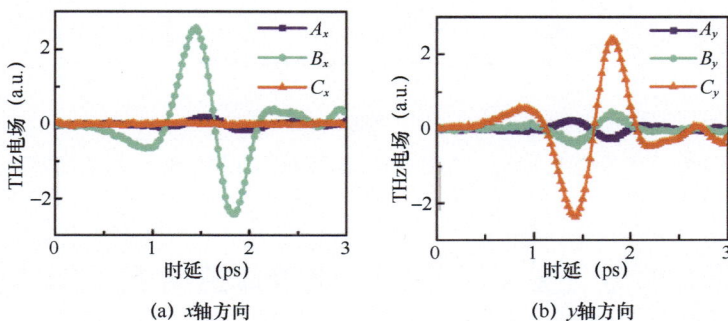

图 6.21　A、B、C 3 个系数在 x 轴和 y 轴方向的提取结果

　　在短脉冲激发下产生位移电流的过程会产生一个电荷位移,即 $\Delta x_{sh} \cdot \Theta(t)$。其中,$\Delta x_{sh}$ 是电子密度的空间位移;$\Theta(t)$ 是单位阶跃函数,它的实域导数和位移电流成正比,我们可以得到位移电流的表达式

$$J_{sh} \propto \Delta x_{sh} \frac{\partial}{\partial t}\left[\Theta(t)\exp\left(-\frac{t}{\tau_{sh}}\right)\right] \times I_p \tag{6.9}$$

式中,I_p 表示激光密度,τ_{sh} 表示时间常数。根据计算结果,位移电流 J_{sh} 的初始轮廓和 $I_p(t)$ 的包络相同,后来又变成了双极性电流,如图 6.22 中蓝色线所示。由于在低频范围(小于 3 THz)内,ZnTe 的响应函数曲线相对较平坦,我们可以半定量地反推出材料内部的光电流。另外,将理论模型和光电流进行拟合,将 $I_p(t)$ 的脉冲宽度延至 140～170 fs,反推出的光电流(J_x)和理论计算结果(J_{sh})吻合。根据拟合过程,我们可以得到弛豫时间为 22 fs,这和之前的研究结果是一致的,进一步证明了线光伏效应存在的合理性。值得注意的是,根据文献可知位移电流来自 Bi-Te 键的瞬态电子转移,涉及表面态相关的光学跃迁,而对于更薄的纳米薄膜,上下表面之间的耦合在表面态色散中打开一个间隙,因此抑制了与表面态相关的光学传递。

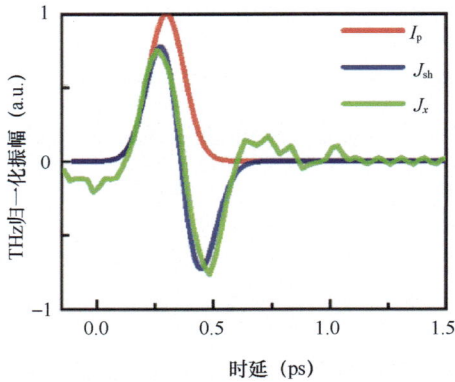

图 6.22 理论电流（ J_{sh} ）与由 THz 信号推导出的电流（ J_x ）的对比

6.5 椭圆偏振激光激发下的拓扑绝缘体透射式 THz 发射光谱

6.5.1 椭圆偏振激光激发 THz 辐射的实验条件

实验示意如图 6.23 所示，将 6.4 节实验装置中的波片由二分之一波片改为四分之一波片，四分之一波片可以调节出射偏振激光的椭圆状态。四分之一波片的角度从 0°变化到 90°，再变化到 180°的过程中，出射的激光偏振态为"线偏振—左旋椭圆偏振—左旋圆偏振—左旋椭圆偏振—线偏振—右旋椭圆偏振—右旋圆偏振—右旋椭圆偏振—线偏振"。本章的实验条件均为左（右）旋（椭）圆偏振激光以 20°入射角入射到拓扑绝缘体 Bi_2Te_3 薄膜上，辐射出具有手性的（椭）圆偏振 THz 波。

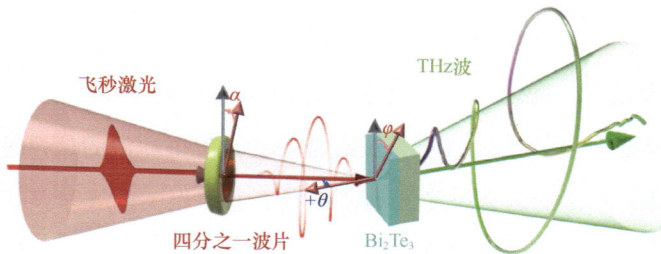

图 6.23 椭圆偏振激光激发 THz 辐射实验示意

6.5.2 实验结果

图 6.24（a）所示是固定左旋圆偏振激光入射条件时，改变样品方位角得到的结果，图中的数字为参考方位角大小，首先可以看到的是圆偏振激光入射时出射的是椭圆偏振 THz 波，且不同方位角下辐射的 THz 波的椭圆率是有微小变化的，可忽略不计；其次可以看出当样品方位角改变时，THz 波的偏振方向（主轴方向）也在发生改变，且变化规律与线偏振激光入射时的规律一致，即样品转动 θ，出射的椭圆偏振 THz 波转动 3θ。如果将激光的偏振状态从线偏振变到圆偏振，出射的 THz 波的偏振状态将如何变化呢？当样品方位角固定时，改变四分之一波片的角度 α，也就是改变入射激光的椭圆率和主轴方向，可以看到出射的有线偏振、圆偏振和椭圆偏振 THz 波，并且主轴方向均不同，实验结果如图 6.24（b）所示。结合前面的实验，为了产生圆偏振 THz 波，需要同时调节泵浦光偏振情况和样品方位角。

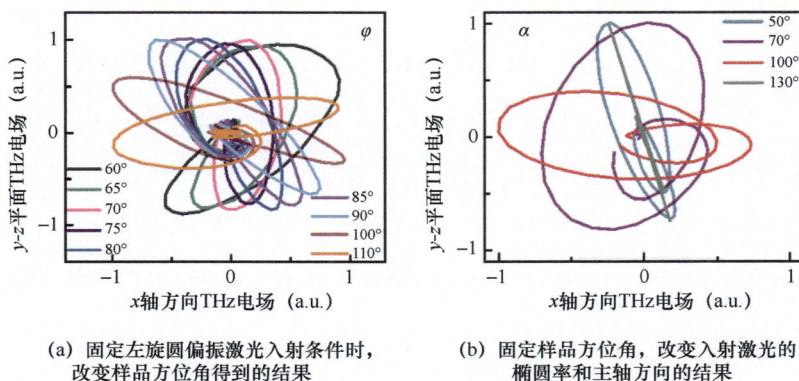

(a) 固定左旋圆偏振激光入射条件时，改变样品方位角得到的结果

(b) 固定样品方位角，改变入射激光的椭圆率和主轴方向的结果

图 6.24　激光偏振态对 THz 辐射的影响

在图 6.25 中，δ^+ 表示左旋（椭）圆偏振激光，δ^- 表示右旋（椭）圆偏振激光，很明显可以看出在不同手性的（椭）圆偏振激光照射下，沿 x 轴方向发射的 THz 信号极性反转[见图 6.25（a）]，沿 y-z 平面发射的 THz 信号极性保持不变[见图 6.25（b）]。因此，产生连续可调振幅和可调极性的与激光偏振状态相关的光电流是产生（椭）圆偏振 THz 波的主要原因。

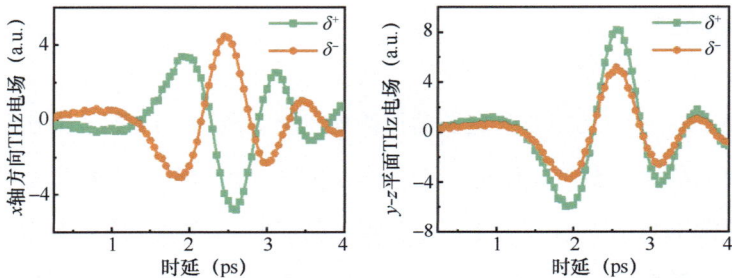

(a) 左旋和右旋（椭）圆偏振激光入射时　(b) 左旋和右旋（椭）圆偏振激光入射时
　　沿x轴方向发射的THz信号　　　　　　沿y-z平面发射的THz信号

图 6.25　左旋和右旋（椭）圆偏振激光入射时得到的 x 轴方向和 y-z 平面的 THz 信号对比

为了更深入地研究螺旋性依赖的 THz 信号，可以通过调节四分之一波片的角度 α 获得手性 THz 波。当改变 α 时，THz 峰值信号展现出了一个 180° 周期，如图 6.26 所示。图 6.27（a）所示的是将最大功率激光入射到 10 nm 厚的 Bi_2Te_3 样品上得到的最高质量右旋圆偏振 THz 波。不同频率下的 THz 椭圆率如图 6.27（b）所示，从图中我们可以看出在 0.5 THz 频率下，椭圆偏振 THz 波的椭圆率最大为 0.95，在此频率下可以认为辐射出的 THz 波是圆偏振。当频率范围为 0.2～3 THz 时，椭圆率保持在 0.4 以上，这使得绘出的 THz 波的偏振态[见图 6.27（a）]在视觉上十分接近圆。除此之外，从图 6.27（c）中还可以观察到当频率为 0.5～3 THz 时，两个方向（沿 x 轴方向和 y-z 平面）上 THz 分量的相位差在 100° 左右，这表明实验所用的拓扑绝缘体源是宽带手性 THz 源。图 6.27（d）所示是辐射出的 THz 频域信号，其中的插图是根据图 6.27（b）和图 6.27（c）中 0.5 THz、1 THz、2 THz 处的椭圆率和相位差绘制出的 THz 频域信号的理想偏振状态。

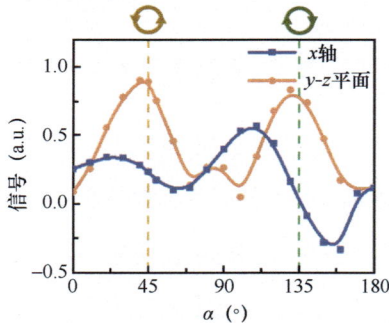

图 6.26　THz 峰值信号随四分之一波片角度的变化

(a) Bi$_2$Te$_3$样品上辐射的最高质量右旋圆偏振THz波

(b) 不同频率下的THz椭圆率

(c) 两个方向上THz 分量的相位差与频率的关系

(d) THz频域信号

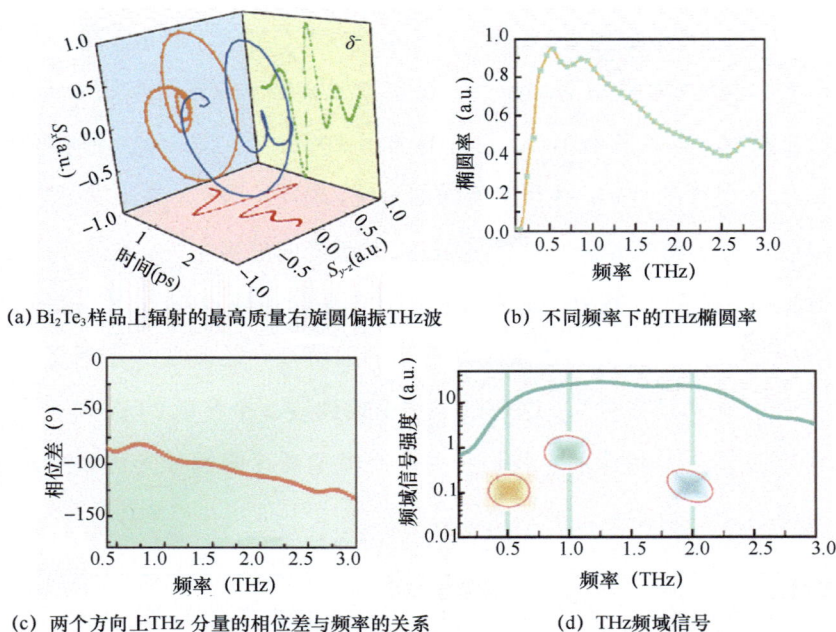

图 6.27　高质量圆偏振 THz 波辐射

6.5.3　结果分析

根据调节四分之一波片得到的入射激光的几何结构，我们可以将探测到的信号写成

$$S(t,\alpha) = C(t)\sin(2\alpha) + L_1(t)\sin(4\alpha) + L_2(t)\cos(4\alpha) + D(t) \qquad （6.10）$$

系数 C 描述的是和入射激光相关的 THz 辐射，来自圆光伏效应。L_1 表示的是由线偏振激光引入的分量，线光伏效应应该是引入该分量的主要原因。对于 40 nm（厚度）Sb$_2$Te$_3$ 中的 THz 辐射，Yu 等人将 L_2 归因于圆光子牵引效应，然后在 p 偏振激光入射的实验中，验证了在不同的入射角下 $L_2 + D$ 的变化趋势和线光子牵引效应的变化趋势是相同的。但是，在前面的实验过程中我们已经证明了线光子牵引效应在本书所述的场景中是不适用的。对于 D，仍然没有一个合适的解释，依然存在争论。线光伏效应、面外的漂移电流或者光致丹倍效应都是产生这个系数的可能来源。

我们提取了沿 x 轴方向和 y-z 平面的 C、L_1、L_2、D 系数，只对 α 进行积

分，提取出来的系数如图 6.28（a）和图 6.28（b）所示，展示了每个分量的时域特征，主要特点概括如下。第一，在振幅上，沿 x 轴方向，C_x、L_{1x} 和 D_x 是主要的分量，L_{2x} 可以忽略不计，它们的大小排序是 $L_{1x}>D_x>C_x$；沿着 y-z 平面，$L_{2y\text{-}z}$ 和 $D_{y\text{-}z}$ 是主要的分量，并且有相同的量级，而 $L_{1y\text{-}z}$ 和 $C_{y\text{-}z}$ 是可以忽略不计的。第二，C_x 和 L_{1x} 的特征相似，在图 6.28（c）所示的频谱中，它们有相同的频谱形状，说明 C_x 和 L_{1x} 关联相同的物理机制。但是，如图 6.28（c）～图 6.28（d）所示，D_x、$L_{2y\text{-}z}$ 和 $D_{y\text{-}z}$ 在频谱上也呈现相同的特征，之前很少有研究去分析这 3 个变量间存在的潜在关系。这是第一次观察到这 5 个参数（C_x、L_{1x}、D_x、$L_{2y\text{-}z}$ 和 $D_{y\text{-}z}$）在性质上是相似的，我们将用宏观唯象理论来解释光伏效应诱导的光电流。

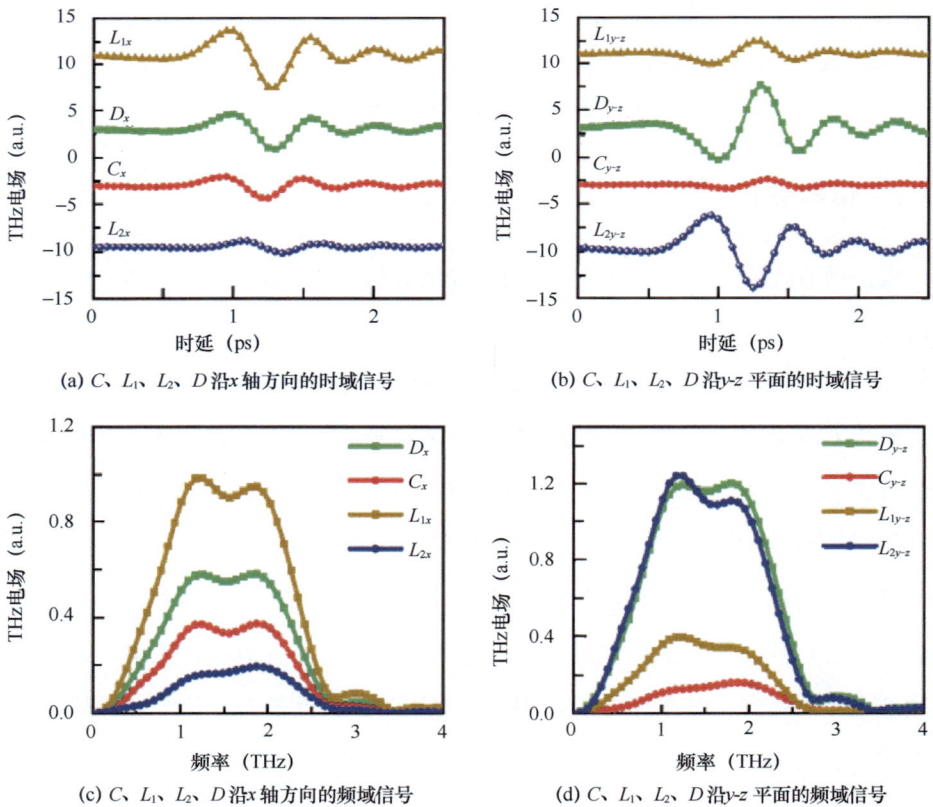

(a) C、L_1、L_2、D 沿 x 轴方向的时域信号   (b) C、L_1、L_2、D 沿 y-z 平面的时域信号

(c) C、L_1、L_2、D 沿 x 轴方向的频域信号   (d) C、L_1、L_2、D 沿 y-z 平面的频域信号

图 6.28　沿 x 轴方向和 y-z 平面的 4 个系数

宏观上，作为二阶非线性光学过程，光伏效应诱导的光电流满足反演对称性时，体内电流消失。只有在中心反演对称性破缺的表面上，光伏效应诱导的光电流才会产生。因此，考虑到对称性，在实验中，入射激光照射在 y-z 平面的情况下，任意偏振激光诱导的光电流可以分离为圆光伏效应和线光伏效应诱导的分量。

在矢量分析中，表达式中某一单项式中出现且仅出现两次的下标叫作哑指标。矢量和张量分析中，哑指标和爱因斯坦求和约定是联系在一起的。为简化表达式，会引入爱因斯坦求和约定，当某一项中两个量的指标重复出现一次时，意味着该指标遍历所有坐标，并对之求和。所以对于公式

$$S = \sum_{i=1}^{3} a_i b_i \qquad (6.11)$$

用哑指标和爱因斯坦求和约定可以写成

$$S = a_i b_i \qquad (6.12)$$

光伏效应是一个二阶非线性光学响应过程，光电流能唯象地表示成

$$j_\lambda = \sigma_{\lambda\mu\nu} E_\mu(\omega) E_\nu^*(\omega) \quad (\lambda, \mu, \nu = x, y, z) \qquad (6.13)$$

其中，$\sigma_{\lambda\mu\nu}$ 是三阶光电导张量分量，并且 $E_\beta(\omega)$ 是复电场振幅，满足关系 $E_\beta(\omega) = E_\beta^*(-\omega)$。其实振荡电场的表达式可写为 $\varepsilon(t) = E(\omega)\mathrm{e}^{\mathrm{i}\omega t} + E^*(\omega)\mathrm{e}^{-\mathrm{i}\omega t}$。在空间反演操作下，有以下关系成立，$E_\mu(\omega)$ 变成 $-E_\mu^*(\omega)$，$E_\nu^*(\omega)$ 变成 $-E_\nu^*(\omega)$，所以反演操作后复电场振幅的乘积是保持不变的，然而光电流在反演操作下会变号，也就是由 j_λ 变为 $-j_\lambda$。由于任何描述系统物理性质的张量在系统满足对称性的操作下都是保持不变的。所以，对于具有空间反演对称性的系统，$\lambda\mu\nu$ 是空间反演不变的；对于奇数阶的张量，空间反演对称性本身会导致 $\lambda\mu\nu$ 变为 $-\lambda\mu\nu$，因此，$\lambda\mu\nu$ 在具有空间反演对称性的系统中的各项分量均为零。由于采用的 Bi_2Te_3 样品具有中心反演对称性，所以式（6.13）描述的光电流响应无法发生在样品内部，只能发生在拓扑绝缘体的表面。

光电流肯定是一个实数，所以有 $j_\lambda^* = j_\lambda$，代入式（6.13）可得

$$j_\lambda^* = \sigma_{\lambda\mu\nu}^* E_\mu^*(\omega) E_\nu(\omega) \qquad (6.14)$$

又因为 μ 和 ν 是求和哑指标，根据爱因斯坦求和约定交换位置不会影响结果，所以可以得到

$$j_\lambda^* = \sigma_{\lambda\nu\mu}^* E_\nu^*(\omega) E_\mu(\omega) \tag{6.15}$$

进而得到 $\sigma_{\lambda\mu\nu} = \sigma_{\lambda\nu\mu}^*$ 这一结果，这反映出 $\sigma_{\lambda\mu\nu}$ 的实部关于 μ 和 ν 这两个指标是对称张量分量，也就是

$$\mathrm{Re}\left(\sigma_{\lambda\mu\nu}\right) = \mathrm{Re}\left(\sigma_{\lambda\nu\mu}\right) \tag{6.16}$$

虚部是反对称张量分量，即 $\mathrm{Im}(\sigma_{\lambda\mu\nu}) = -\mathrm{Im}(\sigma_{\lambda\nu\mu})$。利用这个性质，我们可以把光电流写成

$$j_\lambda = \left[\, \mathrm{Re}\left(\sigma_{\lambda\mu\nu}\right) + \mathrm{i}\,\mathrm{Im}\left(\sigma_{\lambda\mu\nu}\right)\right] E_\mu E_\nu = \mathrm{Re}\left(\sigma_{\lambda\mu\nu}\right) E_\mu E_\nu^* + \mathrm{i}\,\mathrm{Im}\left(\sigma_{\lambda\mu\nu}\right) E_\mu E_\nu^* \tag{6.17}$$

式（6.17）右边第一项可以写成

$$\mathrm{Re}\left(\sigma_{\lambda\mu\nu}\right) E_\mu E_\nu^* = \frac{1}{2}\left[\, \mathrm{Re}\left(\sigma_{\lambda\mu\nu}\right) E_\mu E_\nu^* + \mathrm{Re}\left(\sigma_{\lambda\nu\mu}\right) E_\nu E_\mu^*\right] = \frac{1}{2}\mathrm{Re}\left(\sigma_{\lambda\mu\nu}\right)\left(E_\mu E_\nu^* + E_\nu E_\mu^*\right) \tag{6.18}$$

式（6.17）右边第二项可以写成

$$\mathrm{i}\,\mathrm{Im}\left(\sigma_{\lambda\mu\nu}\right) E_\mu E_\nu^* = \frac{\mathrm{i}}{2}\left[\, \mathrm{Im}\left(\sigma_{\lambda\mu\nu}\right) E_\mu E_\nu^* + \mathrm{Im}\left(\sigma_{\lambda\nu\mu}\right) E_\nu E_\mu^*\right] = \frac{\mathrm{i}}{2}\mathrm{Im}\left(\sigma_{\lambda\mu\nu}\right)\left(E_\mu E_\nu^* - E_\nu E_\mu^*\right) \tag{6.19}$$

因此可以把光电流写成

$$j_\lambda = \frac{\mathrm{i}}{2}\mathrm{Im}\left(\sigma_{\lambda\mu\nu}\right)\left(E_\mu E_\nu^* - E_\nu E_\mu^*\right) + \frac{1}{2}\mathrm{Re}\left(\sigma_{\lambda\mu\nu}\right)\left(E_\mu E_\nu^* + E_\nu E_\mu^*\right) \tag{6.20}$$

把第一项写成叉乘的形式，即

$$j_\lambda = \mathrm{i}\gamma_{\lambda\mu}\left(\vec{E}\times\vec{E}^*\right)_\mu + \chi_{\lambda\mu\nu}\left(E_\mu E_\nu^* + E_\mu^* E_\nu\right) \tag{6.21}$$

式中的 $\gamma_{\lambda\mu}$ 为 $\sigma_{\lambda\mu\nu}$ 的虚部绝对值的 1/2。另外，

$$\chi_{\lambda\mu\nu} = \frac{1}{2}\mathrm{Re}\left(\sigma_{\lambda\mu\nu}\right) \tag{6.22}$$

且满足 $\chi_{\lambda\mu\nu} = \chi_{\lambda\nu\mu}$。

我们现在要在更具体的场景中，也就是在拓扑绝缘体的表面，应用前面的光电流公式。式（6.21）中等号右边第一项描述的是自旋极化光入射的情况，也就是圆

光伏效应诱导的光电流。当线偏振激光入射时，该项为零。$\mathrm{Bi_2Te_3}$ 的表面具有 C_{3v} 对称性，对应绕 z 轴的三重旋转对称性和 x-y 平面内的镜面对称性。将晶体绕 z 轴旋转 120°后，可以将 $\left(\vec{E}\times\vec{E}^*\right)_\mu$ 表示为 $\vec{R}\left(\vec{E}\times\vec{E}^*\right)_\mu$，电流 $\vec{j}$ 变为 $\vec{R}\vec{j}$，其中 $\vec{R}$ 为旋转矩阵，表达式为

$$\vec{R}=\begin{pmatrix} \cos\left(\dfrac{2\pi}{3}\right) & -\sin\left(\dfrac{2\pi}{3}\right) & 0 \\ \sin\left(\dfrac{2\pi}{3}\right) & \cos\left(\dfrac{2\pi}{3}\right) & 0 \\ 0 & 0 & 1 \end{pmatrix} \tag{6.23}$$

因此可以得到 $\vec{R}\vec{j}=\mathrm{i}\vec{\gamma}\vec{R}\left(\vec{E}\times\vec{E}^*\right)$，把左边的 $\vec{j}$ 替换为 $\mathrm{i}\vec{\gamma}\left(\vec{E}\times\vec{E}^*\right)$ 就可以得到 $\vec{R}\vec{\gamma}=\vec{\gamma}\vec{R}$。为满足这个条件，$\vec{\gamma}$ 必须为 $\begin{pmatrix} \gamma_{xx} & \gamma_{xy} & 0 \\ -\gamma_{xy} & \gamma_{yy} & 0 \\ 0 & 0 & \gamma_{zz} \end{pmatrix}$ 形式。进一步，镜面反射时会引入额外的条件。将没进行镜面操作时旋转轴和 x 轴的夹角记为 φ，则镜面反射操作可以写成 $\vec{M}=\begin{pmatrix} \cos(2\varphi) & \sin(2\varphi) & 0 \\ -\sin(2\varphi) & \cos(2\varphi) & 0 \\ 0 & 0 & 1 \end{pmatrix}$。光电流 $\vec{j}$ 在 $\vec{M}$ 操作下变为 $\vec{M}\vec{j}$，$\vec{M}$ 作为一个赝矢量，满足 $\left(\vec{E}\times\vec{E}^*\right)_\mu\rightarrow-\vec{M}\left(\vec{E}\times\vec{E}^*\right)_\mu$。使用类似的计算方法可以得到 $\vec{M}\vec{\gamma}=-\vec{\gamma}\vec{M}$。考虑到 $\vec{R}$ 和 $\vec{M}$ 的对称性，$\vec{\gamma}$ 的表达形式为 $\begin{pmatrix} 0 & \gamma_{xy} & 0 \\ -\gamma_{xy} & 0 & 0 \\ 0 & 0 & 0 \end{pmatrix}$。令 $\gamma_{xy}=-\gamma_{yx}$，我们可以得到圆光伏效应诱导的光电流形式，即

$$\vec{j}_{\mathrm{CPGE}}=\mathrm{i}\gamma\left[\left(E_zE_x^*-E_xE_z^*\right)\vec{x}-\left(E_yE_z^*-E_zE_y^*\right)\vec{y}\right] \tag{6.24}$$

从式（6.24）中，我们可以很容易地得到一个结论：圆光伏效应在激光垂直入射时是不会诱导产生光电流的，即，当 $E_z=0$ 时，与圆光伏效应相关的电流也为零。

下面来看光电流公式的另一项。一方面，在旋转操作下，光电流公式可以写成

$$\vec{j}' = \vec{R}\vec{j} = \mathrm{i}2 \begin{pmatrix} R_{xx}\chi_{xij} + R_{xy}\chi_{yij} \\ R_{yx}\chi_{xij} + R_{yy}\chi_{yij} \\ \chi_{zij} \end{pmatrix} E_i E_j^* \tag{6.25}$$

式中的下标 i 和 j 为张量系数，代表矩阵中所处位置。

另一方面，有

$$\vec{j}' = \mathrm{i}2 \begin{pmatrix} \chi_{xij} R_{ik} E_k R_{js} E_s^* \\ \chi_{yij} R_{ik} E_k R_{js} E_s^* \\ \chi_{zij} R_{ik} E_k R_{js} E_s^* \end{pmatrix} \tag{6.26}$$

式中的下标 s 为哑指标，指标缩并后会消除；E_s 为 THz 光散射场振幅。因满足对称特性，有 $\chi_{\lambda\mu\nu} = \chi_{\lambda\nu\mu}$。另外，加入镜面反射操作，可以得到以下关系式

$$\begin{pmatrix} M_{xx}\chi_{xij} + M_{xy}\chi_{yij} \\ M_{yx}\chi_{xij} + M_{yy}\chi_{yij} \\ \chi_{zij} \end{pmatrix} E_i E_j^* = \begin{pmatrix} \chi_{xij} M_{ik} E_k M_{js} E_s^* \\ \chi_{yij} M_{ik} E_k M_{js} E_s^* \\ \chi_{zij} M_{ik} E_k M_{js} E_s^* \end{pmatrix} \tag{6.27}$$

考虑以上条件之后，可以得出 χ 的不相关张量系数，也就是

$$\begin{cases} \chi_{yyy} = -\chi_{yxx} = -\chi_{xxy} = -\chi_{yyx} \\ \chi_{zyy} = \chi_{zxx} \\ \chi_{yyz} = \chi_{yzy} = \chi_{xxz} = \chi_{xzx} \end{cases} \tag{6.28}$$

其他参数均为零，因此材料表面线光伏效应诱导的光电流可以写成以下形式。

$$j_x = -2\chi_{yyy}\left(E_x E_y^* + E_y E_x^*\right) + 2\chi_{yyz}\left(E_x E_z^* + E_z E_x^*\right) \tag{6.29}$$

$$j_y = 2\chi_{yyy}\left(\left|E_y\right|^2 - \left|E_x\right|^2\right) + 2\chi_{yyz}\left(E_y E_z^* + E_z E_y^*\right) \tag{6.30}$$

$$j_z = -2\chi_{yyy}\left(E_x E_y^* + E_y E_x^*\right) + 2\chi_{yyz}\left(E_x E_z^* + E_z E_x^*\right) \tag{6.31}$$

令入射平面与 x 轴的夹角为 φ，入射角为 θ，四分之一波片角度为 α，可以推导出复电场张量分量的表达式

$$E(\omega) = -\frac{\mathrm{i}\omega A_0}{2} \begin{pmatrix} -\sin 2\alpha \sin\varphi - (\mathrm{i} + \cos 2\alpha)\cos\theta\cos\varphi \\ \sin 2\alpha \cos\varphi - (\mathrm{i} + \cos 2\alpha)\cos\theta\sin\varphi \\ (\mathrm{i} + \cos 2\alpha)\sin\theta \end{pmatrix} \tag{6.32}$$

$$E^*(\omega) = \frac{\mathrm{i}\omega A_0}{2}\begin{pmatrix} -\sin 2\alpha \sin \varphi - (-\mathrm{i} + \cos 2\alpha)\cos \theta \cos \varphi \\ \sin 2\alpha \cos \varphi - (-\mathrm{i} + \cos 2\alpha)\cos \theta \sin \varphi \\ (-\mathrm{i} + \cos 2\alpha)\sin \theta \end{pmatrix} \qquad (6.33)$$

式中 A_0 为振幅系数。考虑几何布局，$\varphi = \frac{1}{2}\pi$，因此 $\sin\varphi = 1$，$\cos\varphi = 0$，可以得到以下公式。

$$E(\omega) = -\frac{\mathrm{i}\omega A_0}{2}\begin{pmatrix} -\sin 2\alpha \\ -(\mathrm{i} + \cos 2\alpha)\cos \theta \\ (\mathrm{i} + \cos 2\alpha)\sin \theta \end{pmatrix} \qquad (6.34)$$

$$E^*(\omega) = \frac{\mathrm{i}\omega A_0}{2}\begin{pmatrix} -\sin 2\alpha \\ (\mathrm{i} - \cos 2\alpha)\cos \theta \\ (-\mathrm{i} + \cos 2\alpha)\sin \theta \end{pmatrix} \qquad (6.35)$$

将式（6.34）和式（6.35）代入麦克斯韦方程，可以得到圆光伏效应诱导的光电流

$$\vec{j}_{\mathrm{CPGE}} = -2\gamma C^2 \begin{pmatrix} \sin 2\alpha \sin \theta \\ 0 \\ 0 \end{pmatrix} \qquad (6.36)$$

式中，$C = \dfrac{\omega A_0}{2}$，再得到线光伏效应（Linear PhotoGalvanic Effect，LPGE）诱导的光电流

$$\vec{j}_{\mathrm{LPGE}} = \begin{pmatrix} j_x \\ j_y \\ j_z \end{pmatrix} \qquad (6.37)$$

$$j_x = -2C^2 \left(\eta_1 \cos \theta + \eta_2 \sin \theta \right) \sin 4\alpha \qquad (6.38)$$

$$j_y = 2C^2 \left[\eta_1 \left(\frac{1}{2}\cos^2 \theta + \frac{1}{2} \right) - \eta_2 \sin \theta \cos \theta \right] \cos 4\alpha + $$
$$2C^2 \left[\eta_1 \left(\frac{3}{2}\cos^2 \theta - \frac{1}{2} \right) - 3\eta_2 \sin \theta \cos \theta \right] \qquad (6.39)$$

$$j_z = 2C^2 \left[\eta_3 \frac{1}{2}\sin^2 \theta + \eta_4 \left(\frac{1}{2}\cos^2 \theta - \frac{1}{2} \right) \right] \cos 4\alpha + $$
$$2C^2 \left[\eta_3 \frac{3}{2}\sin^2 \theta + \eta_4 \left(\frac{1}{2} + \frac{3}{2}\cos^2 \theta \right) \right] \qquad (6.40)$$

对于以上两种光电流，γ 和 η 分别是圆光伏效应和线光伏效应的张量元。

根据上述公式以及光伏效应诱导的光电流方程，可以得到 4 个结论。（1）对于不同偏振和不同方向的入射光来说，圆光伏效应和线光伏效应诱导的光电流分别可以写成 $|\vec{j}_{\text{CPGE}}| \propto \sin 2\alpha$，$|\vec{j}_{\text{LPGE}}| = j_{\text{LPGE},1} \sin 4\alpha + j_{\text{LPGE},2} \cos 4\alpha + j_{\text{LPGE},3}$。（2）当入射激光从左旋圆偏振变到右旋圆偏振时，圆光伏效应诱导的光电流的符号发生改变。而且，圆光伏效应诱导的光电流总是沿着垂直于入射平面的方向流动，这和图 6.25（a）所示的结果一致。（3）通过式（6.37）～式（6.40），可以定量地分析光电流分量的大小关系。在 x 轴方向，只有与圆光伏效应有关的 C_x 和线光伏效应有关的 L_{1x} 分量对光电流有贡献，因为当入射角很小时，L_{1x} 包含余弦项，L_{1x} 应该比 C_x 大。并且在 x 轴方向上，没有 L_{2x} 的贡献。在 y-z 平面，$C_{y\text{-}z}$ 和 $L_{1y\text{-}z}$ 都为零，$L_{2y\text{-}z}$ 和 $D_{y\text{-}z}$ 是几乎相等的。除了 D_x，由晶体在 x 轴方向和 y-z 平面上的对称性决定的电流分量大小和我们在实验中提取的各分量的相对大小一致。在实验中，有一个相对很大的 D_x，这一分量的物理起源还需要做深入的研究，它可能来自暗电流。（4）值得注意的是，光伏效应的理论框架表明，光电流分量都来自同一个光伏效应机制，这与频谱反映的现象相一致。

因此我们可以得到这样的结论：由晶体表面对称性决定的光伏效应理论框架足以解释光电流的大部分显著特征。

为了获得高质量的圆偏振 THz 波，我们可以从前面的分析中得出结论：当入射激光是左旋圆偏振时，$j_{\text{CPGE},x} = -2\gamma C^2 \sin\theta$，$j_{\text{LPGE},x} = 0$，$j_{\text{LPGE},y\text{-}z} = f(\theta)$；当入射激光是右旋圆偏振时，$j_{\text{CPGE},x} = 2\gamma C^2 \sin\theta$，$j_{\text{LPGE},x} = 0$，$j_{\text{LPGE},y\text{-}z} = f(\theta)$。这表明当我们改变激光的手性特征时，可以控制圆光伏效应诱导的光电流。

在此基础上，可以进一步分析 THz 辐射的相位和振幅信息。对于 x 轴方向和 y-z 平面上的 THz 辐射，实际上存在两种不同的物理过程。线光伏效应中的物理过程表现为沿 Bi-Te 键流动的位移电流。对于圆光伏效应中的物理过程，由于表面态的自旋特性，具有一定手性的激光将沿着入射方向选择性地激发一定数目的自旋电子。随后，由于自旋动量锁定，自旋的不对称分布将产生垂直于自旋方向的光电流。圆光伏效应和线光伏效应诱导的光电流之间存在相位差，也就产生了自旋极化的 THz 辐射。

简言之，我们基于 Bi_2Te_3 表面对称性，利用现象学的光伏效应理论框架系统地分析了 L_1、L_2 和 D。我们发现不变量 L_2 和 D 与极性操控的 C 分量是实现圆偏振 THz 辐射的必要条件。另外，这个框架也总结了除 D_x 外的其他分量的大部分特征，并为实现高质量的圆偏振 THz 辐射提供了途径。

6.6　本章小结

本章围绕拓扑绝缘体的性质表征及 THz 发射光谱展开研究，通过对拓扑绝缘体基本性质的介绍，利用反射式和透射式 THz 发射光谱技术，深入探究拓扑绝缘体在飞秒激光激发下的 THz 辐射。通过改变线偏振激光和椭圆偏振激光等激发条件，观察 THz 辐射的差异，推导其辐射机理，为拓扑绝缘体在相关领域的应用提供理论与实验依据。

参考文献

[1] CHEN Y L, ANALYTIS J G, CHU J H, et al. Experimental realization of a three-dimensional topological insulator, Bi_2Te_3[J]. Science, 2009, 325(5937): 178-181.

[2] BAI Y, FEI F C, WANG S, et al. High-harmonic generation from topological surface states[J]. Nature Physics, 2021, 17(3): 311-315.

[3] PLANK H, GANICHEV S D. A review on terahertz photogalvanic spectroscopy of Bi_2Te_3 - and Sb_2Te_3 - based three dimensional topological insulators[J]. Solid-State Electronics, 2018(147): 44-50.

[4] TOKURA Y, YASUDA K, TSUKAZAKI A. Magnetic topological insulators[J]. Nature Reviews Physics, 2019, 1(2): 126-143.

[5] FANG Z J, WANG H T, WU X J, et al. Nonlinear terahertz emission in the

three-dimensional topological insulator Bi_2Te_3 by terahertz emission spectroscopy[J]. Applied Physics Letters, 2019, 115(19): 191102.

[6]   ZHAO H H, CHEN X H, OUYANG C, et al. Generation and manipulation of chiral terahertz waves in the three-dimensional topological insulator Bi_2Te_3 [J]. Advanced Photonics, 2020, 2(6): 066003.

第 7 章　磁性材料 THz 辐射

7.1　引言

THz 辐射与磁性材料的联系来源于超快激光脉冲可以驱动铁磁薄膜的飞秒退磁这一开创性发现。由于材料中的电子、晶格和自旋 3 个自由度之间的能量和角动量传递包含很多复杂的过程，因而通常需要基于物理现象来建立模型以开展分析。经过近 10 年的研究，人们已在磁性半导体、电介质、半金属体系和低维磁性晶体等众多材料中发现超快退磁现象。

关于磁性材料的超快退磁还有另一个重要发现：考虑到超快激光泵浦在晶体中驱动了一个突变的时变磁化，经典麦克斯韦理论预测辐射在远场的发射信号

$$E_{x,y} \propto \frac{\partial^2 M_{y,x}}{\partial t^2} \tag{7.1}$$

式中，E 为发射电场，M 为材料的磁化强度。2004 年，Beaurepaire 通过实验观察到了铁磁薄膜材料镍中的超快退磁和伴随的 THz 辐射现象。后续 20 余年中，人们从多种铁磁晶体、非晶态磁性合金和具有磁性成分的异质结结构中都观察到了THz 辐射。

尽管 THz 辐射看似无处不在，但源于超快退磁的 THz 辐射在新兴辐射源技术中的应用却极为有限。造成这一现状的主要原因是该物理过程效率低且缺乏可调谐性，即退磁动力学主要由固定材料的本征属性所决定，因此，发射带宽、偏振态和电场强度等参数与磁性材料的选择密不可分。在此背景下，大部分研究人员转向研究磁性材料与其他系统结合的异质结结构，即通过研究逆过程，以利用瞬态磁动力学的机理来实现更高效的可控 THz 辐射，通常是激光驱动使得自旋流在异质结中转

化为电荷流。其中，材料的奇偶对称性成为一个重要的因素，它与样品结构和激光脉冲的偏振特性有很大的关系。因此，对于由激光驱动使得自旋流在异质结中转化为电荷流的过程中产生的 THz 辐射，通过磁性材料的对称性可控制。本章将讨论以上过程，它们是现代基于自旋电子的 THz 辐射研究的核心。

7.2 铁磁/重金属异质结

7.2.1 基于逆自旋霍尔效应的 THz 辐射

利用铁磁/重金属异质结薄膜产生自旋 THz 辐射是目前一种较为成熟的技术手段，在 10 余年的发展历程中，研究者们对其展开了全方位的研究，最终逐步发展出全新的 THz 辐射装置，构建了一种稳定且超宽带的 THz 辐射体系。

2013 年，Kampfrath 等人对铁磁/重金属异质结结构调控 THz 自旋流脉冲进行了研究，通过理论和实验证明，飞秒自旋流脉冲的时域波形可以通过特殊设计的磁异质结结构来控制[1]。泵浦光将自旋流从铁磁薄膜驱动到具有更低或更高电子迁移率的非磁性层中，基于逆自旋霍尔效应，面内电流产生 THz 辐射。研究发现，钌层的电子迁移率比金层的低得多，由此可以通过改变磁异质结结构来形成自旋流脉冲并产生更强的瞬态 THz 信号，这为设计高速自旋电子器件及可能的宽带 THz 发射器提供了新思路。

该工作涉及的逆自旋霍尔效应如式（7.2）所示。

$$\vec{j_c} = \gamma \vec{j_s} \times \vec{M} / |\vec{M}| \qquad (7.2)$$

式中，$\vec{j_c}$ 为电荷电流；$\vec{j_s}$ 为自旋流；$\vec{M}$ 为铁磁层的磁化矢量；γ 为自旋霍尔角，为电子偏转的量度。

该工作所用磁性材料结构如图 7.1 所示。所用材料为一个 10 nm 铁磁薄膜（即铁层），该薄膜被一层 2 nm 厚的钌或金覆盖。铁层吸收飞秒激光（光子能量为 1.55 eV）会促使电子从费米能级以下能级进入费米能级以上能级，从而产生非平衡电子分布。铁磁薄膜中的泵浦光会激发多数自旋电子（图 7.1 中的自旋向上电子），电子运动速度大约是激发的少数自旋电子（图 7.1 中的自旋向下电子）的 5 倍。因此，自旋极化从铁磁薄膜传输到非磁性层，自旋流会立即产生。铁磁/金和铁磁/钌结构中的传输动力学有很大不同，原因是金具有比钌高得多的电子迁移率。从微观层面上解释，到达金层的非平衡电子将仅占据具有高带速（约 1 nm/fs）和长寿命（约 100 fs）特征的 sp 电子层，在电子被反射回铁磁薄膜之前，电子将在金层中停留相对较短的时间；在钌层中，由于更强的电子-声子耦合，热电子将主要以较低的带速（约 0.1 nm/fs）填充更局域的 d 电子层，并且电子散射更强。因此，非平衡电子在钌层中的传输应该比在金层中慢得多，并伴随明显更多的自旋积累。这项工作证明了在由铁磁薄膜和非磁性层组成的特殊设计的磁异质结结构中超快自旋流的产生和频率可调性。

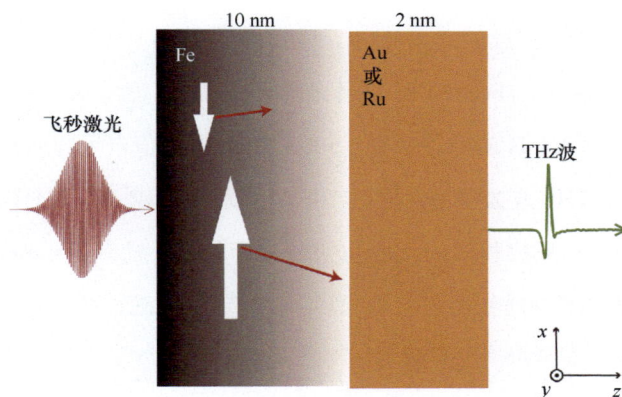

图 7.1　飞秒激光泵浦激发铁磁薄膜结构

在上述研究的基础上，Kampfrath 团队在 2017 年对具有超宽带性能的磁异质结结构的 THz 发射器进行了研究[2]。这项研究利用电子自旋理论实现了全新概念上的 THz 源，它依赖于磁性金属多层膜中 3 种定制的基本自旋电子和光子现象，即超快光致自旋流、逆自旋霍尔效应和宽带法布里–珀罗共振，使用 5.8 nm 厚的 W/Co$_{20}$Fe$_{60}$B$_{20}$/Pt 三层磁性薄膜产生了覆盖 1～30 THz 的超短脉冲。所得新型 THz 源在带宽、电场振幅、灵活性、可扩展性和成本等方面优于 ZnTe（110）晶体等激光振荡器驱动的传统商用 THz 发射器。

一般使用的双层磁性薄膜结构由铁磁（Ferromagnetic，FM）和非铁磁（Non-ferromagnetic，NM）金属薄膜组成。FM 层在平面内磁化，磁化方向与 y 轴反向平行。入射的飞秒激光将金属中的电子激发到费米能级以上，从而改变电子带速和散射速率。由于 FM 层和 NM 层的电子具有不同的传输特性，因此沿 z 轴产生净电流。此外，由于 FM 金属（如铁、钴和镍）中自旋向上电子的密度、带速和寿命的乘积显著高于自旋向下电子的，因此 z 轴电流为强自旋极化电流。在电子进入 NM 层时，自旋-轨道耦合使自旋向上和自旋向下的电子在相反的方向的平均偏转角为 γ，即自旋霍尔角。这种逆自旋霍尔效应将纵向（z 轴方向）自旋流转换为超快横向（x 轴方向）电流，满足 $|\vec{j}_c| = \gamma |\vec{j}_s|$。

2017 年，Seifert 教授对金属自旋电子发射器产生的强场超宽带单周期 THz 波进行了研究。该研究工作探索了金属自旋电子发射器作为宽带 THz 强源的能力。飞秒激光（能量为 5.5 mJ，持续时间为 40 fs，波长为 800 nm）在大面积玻璃衬底（直径为 7.5 cm）上激发 $W/Co_{20}Fe_{60}B_{20}/Pt$ 三层材料（三层总厚度为 5.6 nm）。激光聚焦后，发射的 THz 波具有 230 fs 的脉冲宽度、300 kV/cm 的峰值电场强度和 5 nJ 的单脉冲能量。特别地，在 THz 波振幅最大值的 10%处呈现出跨越 1～10 THz 的无间隙 THz 频谱，从而有助于在亚皮秒时间尺度对物质进行非线性控制。Kampfrath 团队的研究工作为铁磁/重金属异质结辐射宽带 THz 波奠定了基础，并使这一方向实现了蓬勃发展，逐渐成为热门的研究课题。

7.2.2　飞秒激光双泵浦磁性纳米薄膜

2019 年，我们利用飞秒激光双泵浦实现对超快自旋流的相干控制，此研究工作通过两束飞秒激光先后双泵浦磁性纳米材料 W（1.8 nm）/$Co_{20}Fe_{60}B_{20}$（1.8 nm）/Pt（1.8 nm）。通过在材料内激发两个相干的自旋流，并探测自旋流经重金属的逆自旋霍尔效应转换成横向电荷流后所辐射的 THz 波，确认该方法有效地实现了对自旋流波形的操控，我们对自旋流的产生、扩散、转换等过程进行探究。

本实验使用的激光器中心波长为 800 nm，脉冲宽度约为 100 fs，重复频率为 80 MHz。本实验的光路如图 7.2 所示，一束激光入射，经过偏振分光棱镜被分成偏振态为竖直偏振和水平偏振的两束光——x 光、y 光。x 光经过一个延时器，y 光经过一个补偿光路，使得 x 光、y 光的光程近似相等。延时器被用来精确控制 x 光的光程，以达到控制 x 光、y 光两束光的相对延时 τ 的目的。两束光经过合束镜后合束，再经过连续衰减片，经透镜聚焦后入射到自旋发射器。根据光路的可逆性，偏振分光棱镜既可以用作分束镜，也可以用作合束镜。从自旋发射器辐射出的 THz 波以 45° 入射到离轴抛物面镜上，垂直于入射方向以平行光出射，经过第二个离轴抛物面镜后汇聚，经过第三个离轴抛物面镜后又一次变成平行光，最后经过第四个离轴抛物面镜汇聚至 ZnTe 晶体上。

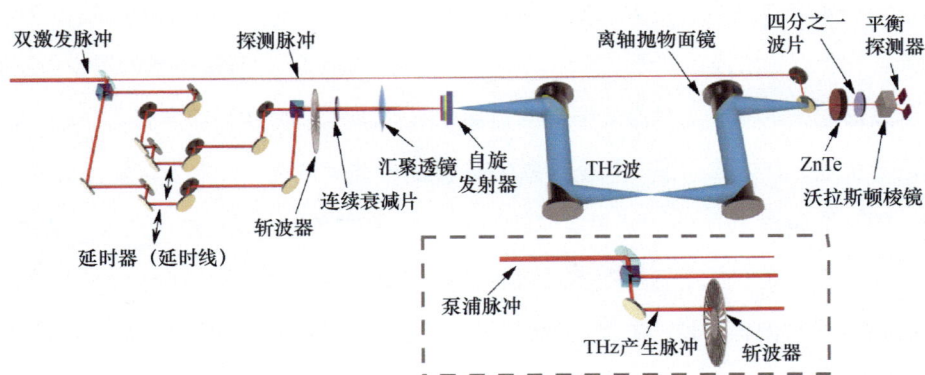

图 7.2　双泵浦 THz 辐射实验光路

图 7.3 给出了双泵浦 THz 辐射与泵浦通量依赖关系。图 7.3（a）和图 7.3（b）分别是不同泵浦通量下的 THz 时域波形和 THz 频谱，将其峰值和谷值提取出来可以得到图 7.3（c），从中可以非常明显地观察到在泵浦通量低时，THz 信号的峰值/谷值与泵浦通量近似呈线性关系，而当泵浦通量在 10 μJ·cm^{-2}（本实验条件下对应激光的功率约为 200 mW）以上时，线性关系发生变化，信号趋于"饱和"。

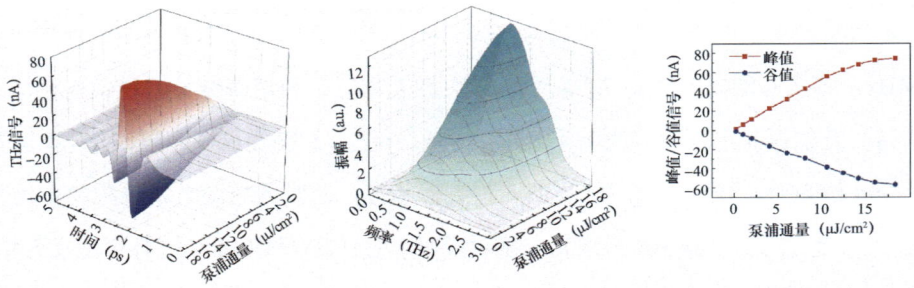

(a) THz时域波形随泵浦通量的变化　(b) THz频谱随泵浦通量的变化　(c) 峰值/谷值信号的泵浦通量依赖关系

图 7.3　双泵浦 THz 辐射与泵浦通量依赖关系

7.2.3　基于磁性纳米薄膜的圆偏振可调控的 THz 波

圆偏振可调控 THz 源在 THz 光谱和成像、超快 THz 光自旋电子学、信息加密和空间探索等方面具有巨大的发展前景和应用价值。然而，动态偏振可调控 THz 源仍处在初步探索阶段，并无成熟的制备方案，这严重阻碍了 THz 技术的进步与发展。近年发展起来的基于飞秒激光泵浦的自旋 THz 源具有高效率、超宽带、低成本、易集成等优点，有望成为下一代全固态 THz 源的最佳候选之一。由于自旋发射的过程产生的是线偏振 THz 波，要想实现圆偏振 THz 波的产生，存在严峻的技术挑战。

2019 年，我们基于飞秒激光泵浦的自旋 THz 辐射技术，提出了一种实现圆偏振 THz 波产生与偏振调控的方案。通过 W/Co$_{20}$Fe$_{60}$B$_{20}$/Pt 三层异质结薄膜的级联发射方式产生圆偏振可调控的 THz 波[3]，原理如图 7.4 所示。

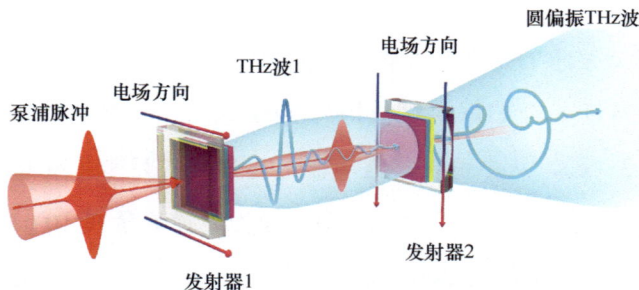

图 7.4　级联发射方式产生圆偏振可调控的 THz 波

如图 7.5 所示，THz 波的激发和探测系统是由一台钛宝石飞秒激光振荡器驱动的，激光振荡器中心波长为 800 nm，脉冲持续时间为 100 fs 左右，脉冲频率为 80 MHz。

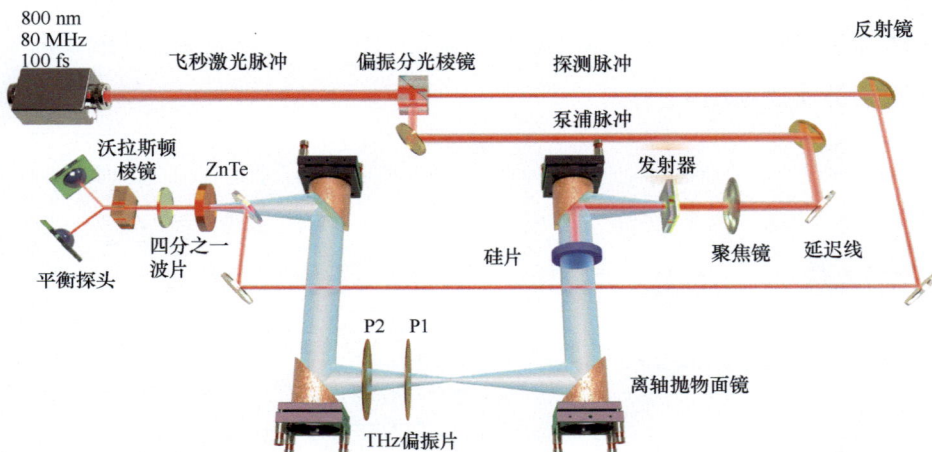

图 7.5　THz 波的激发与探测系统

要利用级联发射方式产生圆偏振 THz 波，需要两级 THz 波满足两个关键条件。一个条件是要求两级 THz 波能够振幅相等。我们在实验中巧妙利用两级 THz 波振幅随泵浦通量变化而变化的特点，找到了使振幅相等的泵浦通量条件。另一个十分重要的条件是需要两级 THz 波的相位相差 $\pi/2+k\pi$（k 为整数），即两级 THz 波需要满足四分之一波长奇数倍的相位差。在这里我们巧妙地利用了空气对于 THz 波和 800 nm 飞秒激光的折射率有些许差别这一事实，在两级 THz 源之间引入一段特定压强的空气柱，利用飞秒激光和 THz 波在空气中的传播速率的不同实现时间差，进而由时间差实现相位差。

在满足两级 THz 波振幅相等、偏振角任意可调，以及拥有 $\pi/2$ 的相位差的条件下进行实验，仿真和实验结果如图 7.6 所示。图 7.6（a）、图 7.6（d）、图 7.6（g）为实验中通过调节两级外加磁场的夹角 α 实现从线偏振到圆偏振再到椭圆偏振 THz 波形成的实验原理。而图 7.6（b）、图 7.6（e）、图 7.6（h）为对应情况下的实验结果。图 7.6（c）、图 7.6（f）、图 7.6（i）则是对应情况下的仿真结果。通过对比实验结果和仿真结果可知，该方案比较成功地实现了 THz 波偏振可调控的目的，可以产生理想的线偏振、圆偏振和椭圆偏振 THz 波，而且具体实现方案只需通过旋转样品的外加磁场方向就可以便捷地实现，使得该 THz 源在进入实际应用领域后使用起来既方便又精准。此外，该 THz 源还能够实现对 THz 波偏振的灵活可控与快捷变换。利用级联发射实现的圆偏振 THz 波，可以轻易改变其偏振态，只需要对外加磁场方向进行调节即可。

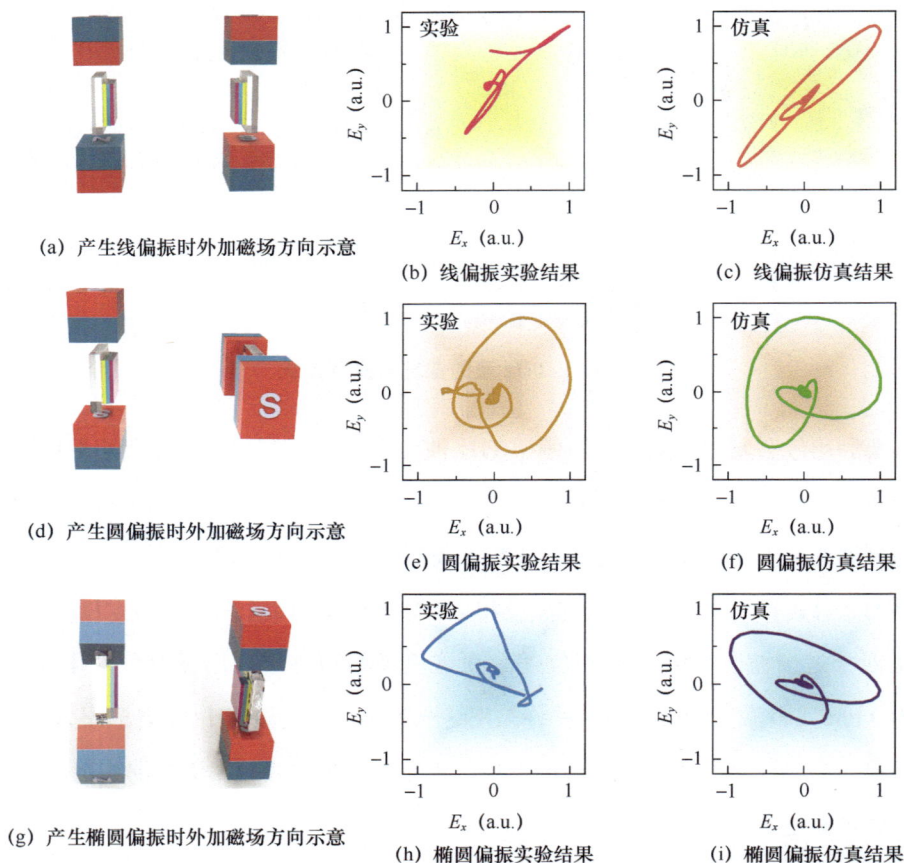

(a) 产生线偏振时外加磁场方向示意   (b) 线偏振实验结果   (c) 线偏振仿真结果

(d) 产生圆偏振时外加磁场方向示意   (e) 圆偏振实验结果   (f) 圆偏振仿真结果

(g) 产生椭圆偏振时外加磁场方向示意   (h) 椭圆偏振实验结果   (i) 椭圆偏振仿真结果

图 7.6　级联发射实现 THz 波产生和椭圆率调节原理示意，以及仿真和实验结果

7.2.4　表面等离激元效应增强磁性薄膜 THz 发射器

在纳米光子学的研究和应用领域，研究者对光与物质的相互作用进行了大量的

探索研究。在磁等离子体中，最常见的方法是通过纳米材料或纳米结构增强入射光的局部场，以达到降低能耗的目的。2021 年，我们将等离子体纳米光子学应用到磁性薄膜 THz 发射器上，借助表面等离激元效应，实现磁性薄膜 THz 发射器辐射效率的提升，有助于将磁性薄膜 THz 发射器推向实际应用[4]。实验中使用长为 80 nm、宽为 20 nm 且浓度为 0.1 mg/mL 的水溶性金纳米棒来制备金纳米棒增强涂层。图 7.7（a）所示为有/无金纳米棒的 $W/Co_{20}Fe_{60}B_{20}/Pt$ 发射器的典型 THz 时域波形。在这种情况下，激光束直接入射到有金纳米棒的 Pt 表面，随后进入磁性薄膜 THz 发射器中激发铁磁材料，产生自旋流。在逆自旋霍尔效应的作用下，自旋流转化为电荷流产生 THz 辐射。由磁性薄膜 THz 发射器辐射的 THz 波穿过玻璃衬底，辐射到空气中。飞秒激光泵浦通量为 15 $\mu J \cdot cm^{-2}$。与无金纳米棒的 $W/Co_{20}Fe_{60}B_{20}/Pt$ 发射器相比，有金纳米棒的样品辐射的 THz 电场的峰值增强了约 80%[共振增强因子，即 $(\Delta PK_1 - \Delta PK_0)/PK_0$]。

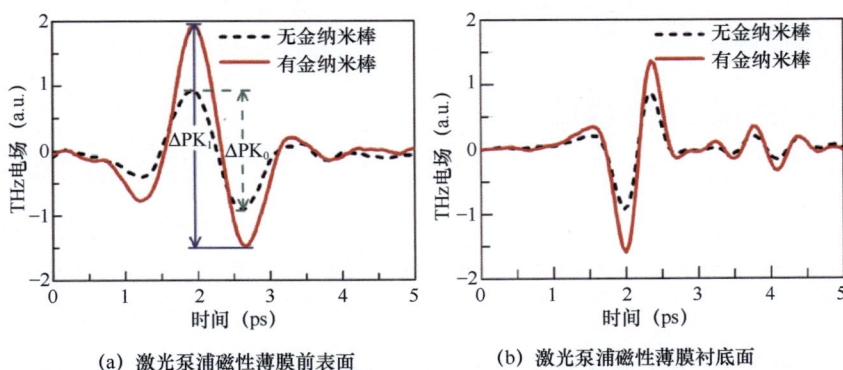

(a) 激光泵浦磁性薄膜前表面　　　　　(b) 激光泵浦磁性薄膜衬底面

图 7.7　有/无金纳米棒对 THz 电场的影响

为了研究金纳米棒对 THz 波的影响，采用翻转样品的方式，让泵浦光首先照射样品的衬底面，然后照射 $W/Co_{20}Fe_{60}B_{20}/Pt$ 三层异质结，最后照射金纳米棒。在这种情况下，如图 7.7（b）所示，THz 波的相位与图 7.7（a）所示的相位相反。这表明表面等离子体共振效应同样也增强了自旋流，THz 辐射仍然服从逆自旋霍尔效应。表面等离子体共振增强的 THz 辐射行为也被探测到，共振增强因子几乎与正面入射情况下的相同，约为 77%。这一现象表明激光的正面入射和反面入射对该情况下的等离激元效应影响不大，且进一步证实了表面等离子体共振增强机制的有效性。为了进一步验证该增强现象是宽带响应还是窄带响应，绘制了有/无金纳米棒的 $W/Co_{20}Fe_{60}B_{20}/Pt$ 三层异质结辐射的 THz 频谱，如图 7.8（a）所示。有金纳米棒情况下的 THz 电场普遍高于无金纳米棒的。提取差异谱并绘制在图 7.8（b）中，从图中可看出，0.2～1.3 THz 的共振增强效果最明显，表明该增强现象是宽带响应，并不受频率限制。

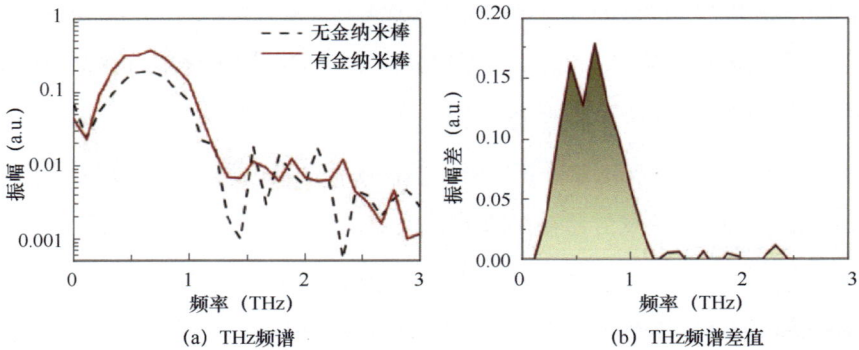

(a) THz 频谱 (b) THz 频谱差值

图 7.8 有/无金纳米棒对 THz 频谱的影响

7.3 反铁磁/铁磁异质结

2022 年，我们对基于反铁磁/铁磁异质结的无外部磁场的 THz 发射器进行了研究[5]。该研究工作创新性地使用了一种独特的反铁磁/铁磁（$IrMn_3/Co_{20}Fe_{60}B_{20}$）异质结结构，并证明它可以在没有任何外部磁场的情况下有效地产生 THz 辐射。这归因于交换偏置效应或界面交换耦合效应和增强的各向异性。通过调控交换偏置效应并提高 THz 辐射效率，该研究工作成功优化了 5.6 nm 厚 $IrMn_3/Co_{20}Fe_{60}B_{20}/W$ 三层异质结结构，它产生的 THz 波强度超过 $W/Co_{20}Fe_{60}B_{20}/Pt$ 辐射的 THz 波的。此外，通过将三层样品（$IrMn_3/Co_{20}Fe_{60}B_{20}/W$）和双层样品（$IrMn_3/Co_{20}Fe_{60}B_{20}$）组合在一起，THz 辐射的强度进一步提高；通过旋转样品方位角可以灵活地控制 THz 波的极化，显示出复杂的主动 THz 电场操纵能力。

含有重金属原子的反铁磁（Antiferromagnetic，AFM）合金（如 $IrMn_3$ 和 PtMn）具有构建不依赖于外部磁场的高效 THz 发射器的潜力。一方面，由于 AFM 和 FM 界面处的显著界面交换耦合效应，AFM 膜表面存在一些未补偿的自旋电子，可用于钉扎（交换偏置）相邻的 FM 膜或增加 FM 膜的矫顽力。另一方面，$IrMn_3$ 和 PtMn 等 AFM 材料具有与常见重金属 Pt 和 W 相当的大自旋霍尔角。尽管如此，由 AFM 材料组成的高效 THz 发射器仍然未被实现，需要进一步研究。

实验中探索的异质结结构由沉积在 0.5 mm 厚双面抛光石英衬底上的单个 AFM 层（$IrMn_3$ 层）和单个金属 FM 层（$Co_{20}Fe_{60}B_{20}$ 层）组成。$Co_{20}Fe_{60}B_{20}$ 厚度固定为 2.0 nm，这与通常研究的自旋 THz 发射器的厚度非常相似，而 $IrMn_3$ 的厚度在 1.0 nm 和 4.0 nm 之间变化，以确定 AFM 和 FM 异质结结构之间自旋耦合的有效相互作用距离和最佳 THz 辐射效率。该研究工作设置了对照实验，使用相同的步骤制备 1.8 nm 厚的 $IrMn_3$ 纳米膜和 $IrMn_3$（2.0 nm）/ Ru（2.0 nm）/ $Co_{20}Fe_{60}B_{20}$（2.0 nm）纳米膜。对照样品没有表现出显著的 THz 辐射，这清楚地揭示了交换偏置效应的重要作用。该研究工作也对控制样本进行了类似的信号优化。

图 7.9 所示为基于 AFM/FM 异质结的 THz 发射器几何结构。为了显示无外部磁场的情况下的 THz 辐射，使用来自钛宝石激光振荡器的飞秒激光泵浦双层异质结结构。在激光脉冲重复频率为 80 MHz、脉冲宽度为 100 fs 的泵浦条件和光电导天线的检测限值下，获得的 THz 峰值频率为 1.2 THz，频谱宽度高达 3.0 THz，相较于商用 GaAs 光电导天线，具有更宽的频谱。在相同的实验室和激光条件下，GaAs 的 THz 峰值频率为 0.4 THz，频谱宽度高达 1.0 THz。AFM/FM 异质结辐射的 THz 波强度与泵浦通量近似呈线性缩放，而不会在实验所用泵浦通量范围内饱和，这意味着更强的泵浦将产生更强的 THz 波。

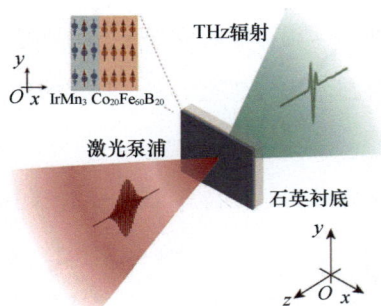

图 7.9　基于 AFM / FM 异质结的 THz 发射器几何结构

基于界面交换耦合效应，$IrMn_3/Co_{20}Fe_{60}B_{20}$ 双层样品中产生的 THz 波几乎呈线性极化，并垂直于平面内电荷电流方向（易磁化轴），表明极化源于电偶极子辐射。因此可以通过沿样品的方位轴旋转样品来控制 THz 波的偏振方向。为了进一步阐明飞秒自旋流和 THz 辐射的物理起源和可控性，该研究工作对有/无外部磁场时的 THz 辐射对称性进行了对比研究。在没有磁场的情况下，当交换偏置方向或交换耦合方向为水平时，通过将异质结构围绕交换偏置方向旋转180°来调换样品的两个方向，从而翻转激光入射面，在这种上下翻转过程中，THz 辐射极性保持不变，只有微小的振幅差异。然而，当左右翻转 $IrMn_3/Co_{20}Fe_{60}B_{20}$ 异质结构时，THz 辐射的极性被破坏。可以通过两个样本反演实验推断，THz 辐射机制本质上是电偶极子机制，而不是磁偶极子机制。这再次证明，不仅可以通过在激光入射面固定时旋转样品方位角来有效控制 THz 辐射的偏振态，还可以通过左右翻转样品来调节飞秒自旋流。

该研究工作使用磁场来确定 AFM/FM 异质结构的 THz 辐射对称性。在样品上施加 50 Oe 以上的外部磁场（大到足以使磁场饱和），THz 辐射行为与传统自旋 THz 源的相同。例如，THz 发射光谱可以被外部磁场翻转，并在样品翻转时保持不变。这表明极化已通过磁场确定，交换偏置效应或界面交换耦合效应被抑制。自旋流注入和 THz 辐射过程主要被传统的逆自旋霍尔效应主导。在这些条件下，THz 辐射极性可以通过在保持磁场方向的同时改变激光入射方向来切换，或者通过将外部磁场旋转180°的同时保持激光入射方向不变来切换。然而，通过旋转磁场方向所产生的辐射图案同样呈现出对称分布，辐射强度接近不存在磁场时的强度。当施加的磁场方向与水平方向之间的夹角为 90°或 270°时，样品在施加的磁场降至零后辐射 THz 波。90°和270°处的非零信号很可能是由难磁化轴下方的 $Co_{20}Fe_{60}B_{20}$ 中的非零剩磁产生的。值得注意的是，在不将外部磁场减小到零的情况下，每个方向处的 THz 电场强度应该相同。

以上行为与在具有外部磁场的对流自旋 THz 发射器中观察到的行为完全不同。在确定 THz 时域光谱时，有意令磁场的 THz 辐射极性与交换偏置效应或界面交换耦合效应产生的磁场方向相反。当外部磁场被突然移除时，观察到交换偏置效应或界面交换耦合效应占主导地位，将 THz 辐射极性重新回到由交换偏置效应主导的极化方向上。这一现象表明，该系统中的剩磁与正常自旋 THz 发射器的完全不同，这可能与系统的滞后行为有关。

因此，该工作通过滞回环实验研究交换偏置效应，使用配备电磁铁的时间分辨 THz 发射光谱和超导量子干涉装置振动样品磁强计（Vibrating Sample Magnetometer，VSM）研究了样品 $IrMn_3$（2 nm）/$Co_{20}Fe_{60}B_{20}$（2 nm）的磁性。图 7.10 所示的具有平行于交换偏置方向（易磁化轴）的外部磁场的样品具有近似矩形的磁滞回线，矫顽场大小为 5.59 Oe，磁滞回线中心为−2.74 Oe，与具有垂直于交换偏置方向（难磁化轴）的外部磁场的样品完全不一致，该样品具有 6.76 Oe 矫顽场，以及中心轴为 2.28 Oe 的磁滞回线。磁滞回线和矫顽场可直接使用时间分辨 THz 发射光谱进行验证，我们测量了作为外部磁场函数的 THz 信号振幅，拟合曲线基于双曲正切函数，与实验数据吻合良好。这些结果也证明了 AFM/FM 异质结构产生的 THz 波源于交换偏置效应或界面交换耦合效应引发的自旋电荷转换。最终，在交换偏置条件下，THz 电场的强度可以用式（7.3）来描述。

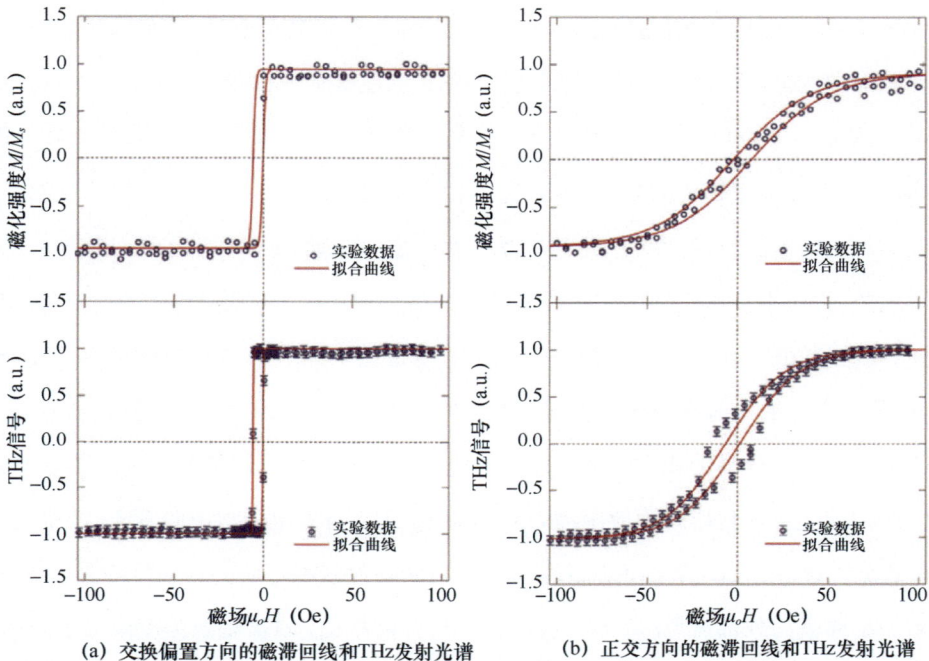

(a) 交换偏置方向的磁滞回线和THz发射光谱　　(b) 正交方向的磁滞回线和THz发射光谱

图 7.10　通过 VSM 和 THz 发射光谱表征的磁滞回线

$$E_{THz} \propto \gamma j_s \times \frac{\tanh\left(\dfrac{H \pm H_w - H_p}{H_{ani}}\right)}{M} \qquad (7.3)$$

式中，H、H_w 和 H_{ani} 分别表示施加的外部磁场强度、磁滞回线宽度和各向异性磁场强度，H_p 是交换偏置效应的等效磁场强度。可以得出的结论是，H_p 越大，THz 辐射越不易受外部磁场的扰动影响，并且当外部磁场为零时，易磁化轴也会决定 THz 辐射强度，这可能有助于开发更稳定、更有效的自旋电子学材料，用于无磁场 THz 辐射。

为最大化 THz 波输出强度，该工作研究了 IrMn$_3$ 厚度对 THz 辐射的影响。当 IrMn$_3$ 厚度约为 2 nm 时，呈现最强的 THz 辐射强度；当 IrMn$_3$ 的厚度从 1 nm 增加到 4 nm 时，AFM/FM 异质结构透射率从 84.4% 降低到 65%。与室温下 2 nm 厚的 IrMn$_3$ 相比，1 nm 厚的 IrMn$_3$ 层阻挡温度可能低于室温，使得 IrMn$_3$ 处于顺磁状态。观察到，界面处的未补偿自旋电子导致呈现无场 THz 辐射，通过界面交换耦合作用增强了 Co$_{20}$Fe$_{60}$B$_{20}$ 中的磁面内各向异性。

W 具有非常大的自旋霍尔角，但其符号与 IrMn$_3$ 的符号相反。为了进一步提高自旋电荷转换效率和 THz 产率，该研究工作通过磁控溅射技术制备了 IrMn$_3$（1.8 nm）/Co$_{20}$Fe$_{60}$B$_{20}$（2.0 nm）/W（1.8 nm）三层样品。在飞秒激光激励下，自旋流以相反的方向从 Co$_{20}$Fe$_{60}$B$_{20}$ 流向 IrMn$_3$ 和 W，随后由于 W 和 IrMn$_3$ 的自旋霍尔角符号相反，自旋霍尔电荷电流以相同的方式在 W 和 IrMn$_3$ 层中流动。

此外，由于电荷电流的方向由没有外部磁体情况下的交换偏置电压的方向决定，研究者试图以相反的钉扎取向黏合三层和双层样品的 IrMn$_3$ 侧。在这种情况下，IrMn$_3$ 和 W 层中产生的所有电荷电流都保证在相同的方向上。然后，THz 辐射强度增加了 1.35 倍，与三层样品的相当。值得注意的是，三层和双层样品的组合揭示了这种异质结构的交换偏置形式的应用潜力，为提高 THz 自旋电子学中的 THz 产率提供了一种新的途径。如果适当地优化层厚度，THz 辐射强度可能会进一步增强。此外，当施加足够强的外部磁场时，组合样品与三层样品相比，THz 辐射强度降低了 20%。这是因为外部磁场用于克服交换偏置效应，并且磁场与 IrMn$_3$ 层中产生的电荷电流不在同一方向上。

　　综上所述，该研究工作设计了一种由 AFM 和 FM 材料组成的自旋电子异质结构，并演示了它在不使用外部磁体的情况下产生的光学相干 THz 波。THz 辐射是反向自旋霍尔效应和交换偏置效应或 AFM / FM 界面交换耦合的结果，该界面在零磁场下固定 $Co_{20}Fe_{60}B_{20}$ 的磁取向。此外，三层 $IrMn_3/Co_{20}Fe_{60}B_{20}/W$ 样品的 THz 电场是双层 $IrMn_3/Co_{20}Fe_{60}B_{20}$ 样品的 1.4 倍，通过将三层样品和双层样品组合，THz 辐射强度进一步提高。此外，通过场增强技术，如元膜工程或光学元表面，可以进一步提高 THz 辐射强度。

　　目前，采用自旋 THz 发射器来实现 THz 强源，亟须克服三大难题和挑战：（1）高能飞秒激光泵浦导致样品易损坏；（2）大尺寸发射器导致样品磁化不均匀；（3）超短脉冲如何实现超宽频谱的精确探测。我们针对这些难题与挑战，通过扩大飞秒激光泵浦光斑，降低泵浦能量密度，采用 THz 发射光谱技术，获得相关材料的破坏阈值；进而通过制备超大尺寸发射器样品，通过 AFM/FM 交换偏置效应，解决大尺寸发射器导致的样品磁化不均匀问题；对于超宽带探测，通过使用超薄探测晶体进行电光取样，获得了频谱宽度大于 10 THz 的超宽带 THz 波。

　　基于 4 英寸样品的强场 THz 波的产生与测量装置如图 7.11 所示，总厚度为 6 nm 的 4 英寸 $IrMn_3/Co_{20}Fe_{60}B_{20}/W$ 反铁磁自旋 THz 发射器在飞秒激光激发下，被反铁磁材料（$IrMn_3$）磁化的铁磁层（$Co_{20}Fe_{60}B_{20}$ 层）会激发产生纵向飞秒自旋流。自旋流从前向和后向流入 W 和 $IrMn_3$ 层，通过逆自旋霍尔效应，将纵向自旋流高效地转化为横向面内电荷流。因为 W 和 $IrMn_3$ 具有大自旋霍尔角且符号相反，使得 THz 辐射实现了相干增强。组成发射器的材料在 THz 频段没有声子的共振吸收，可实现无带隙的超宽带 THz 辐射。在充入氮气的环境下测试，THz 脉冲宽度为 110 fs，频谱宽度在 10 THz 以上。与利用铌酸锂倾斜波前技术产生的强场 THz 波相比，电场强度基本在同一量级，但是该实验在短脉冲和宽频谱上展现出独特的优势。当单脉冲能量为 55 mJ、脉冲宽度为 20 fs、激光功率密度为 0.7 $mJ·cm^{-2}$ 的泵浦光作用到 4 英寸样品上时，获得了单脉冲能量为 8.6 nJ、聚焦光斑为 175 μm、峰值电场强度为 242 kV/cm 的 THz 辐射，实验结果见图 7.11（b）

和图 7.11（c）。更令人欣喜的是，THz 信号并未饱和，样品结构可以进一步优化，可以承受能量更高的激光泵浦，从而实现更强 THz 波输出[6]。

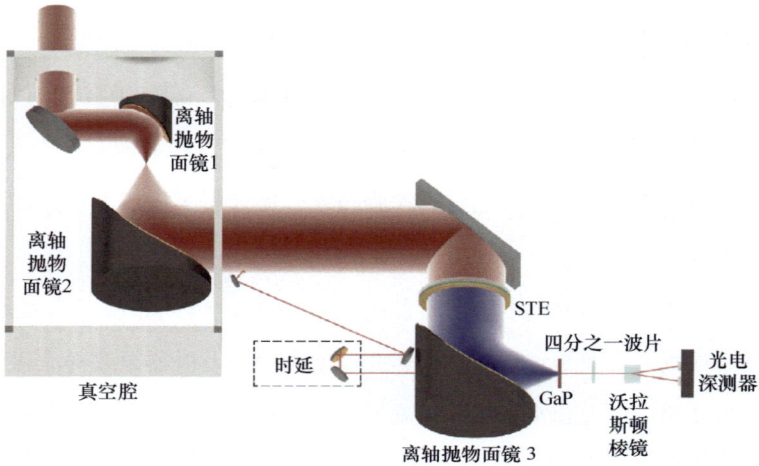

(a) 实验装置示意

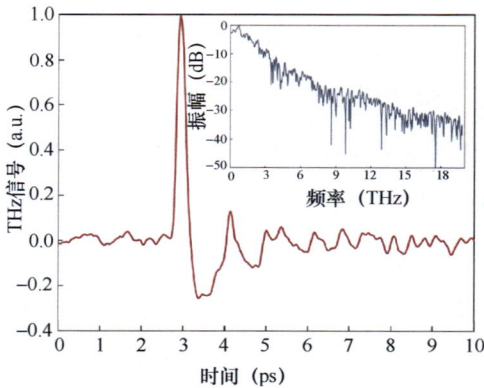

(b) 20 fs 激光脉冲激发无外部磁场的自旋
THz 发射器产生的THz 时域波形及对应
的频谱分布

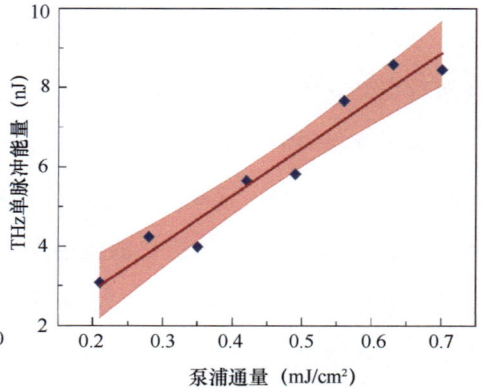

(c) 泵浦通量与THz单脉冲能量的关系

图 7.11 基于 4 英寸样品的强场 THz 波的产生与测量装置及实验结果

为了进一步提高无外部磁场的自旋 THz 发射器的电场强度，我们归纳了两个重要的因素：（1）自旋发射器受热效应影响严重，传统玻璃衬底导热性差，热积累效应尤为明显；（2）自旋发射器对泵浦光的利用率低，自旋 THz 发射器只有几纳米的厚度，通常只能吸收 50%～60%的泵浦光。针对上述两个因素，通过更换导热性更好的硅衬底来减小热积累对 $IrMn_3/Co_{20}Fe_{60}B_{20}/W$ 异质结辐射效率的影响；为了避免硅衬底的光电导效应并提高泵浦光的利用率，在衬底和自旋 THz 发射器之间设计了由$[HfO_2（92\,nm）/SiO_2（136\,nm）]_x$组成的一维光子晶体结构（$x$ 表示样品对数目），样品结构和辐射原理如图 7.12 所示。经过对衬底导热性和泵浦光利用率的优化，使用中心波长为 800 nm、重复频率为 1 kHz 的钛宝石激光放大器泵浦样品，在泵浦能量为 5.5 mJ 的情况下可以得到峰值电场强度为 1.01 MV·cm^{-1} 和单脉冲能量为 62.5 nJ 的 THz 辐射。由于这个不需要外部磁场的 THz 源拥有 110 fs 的极短脉冲宽度，同时覆盖 0.1～10 THz 的宽带频谱，因此该样品有潜力应用于多个领域。此外，我们通过改变磁场位置验证了大尺寸的 $W/Co_{20}Fe_{60}B_{20}/Pt$ 难以实现饱和磁化，这严重影响了其辐射效率。通过实验我们展示了由交换偏置效应或界面交换耦合效应引起的面内磁场在 4 英寸 $IrMn_3/Co_{20}Fe_{60}B_{20}/W$ 样品中保持了极好的稳定性和可靠性，因此反铁磁自旋 THz 发射器有望成为制备大尺寸自旋 THz 发射器的重要选择[7]。

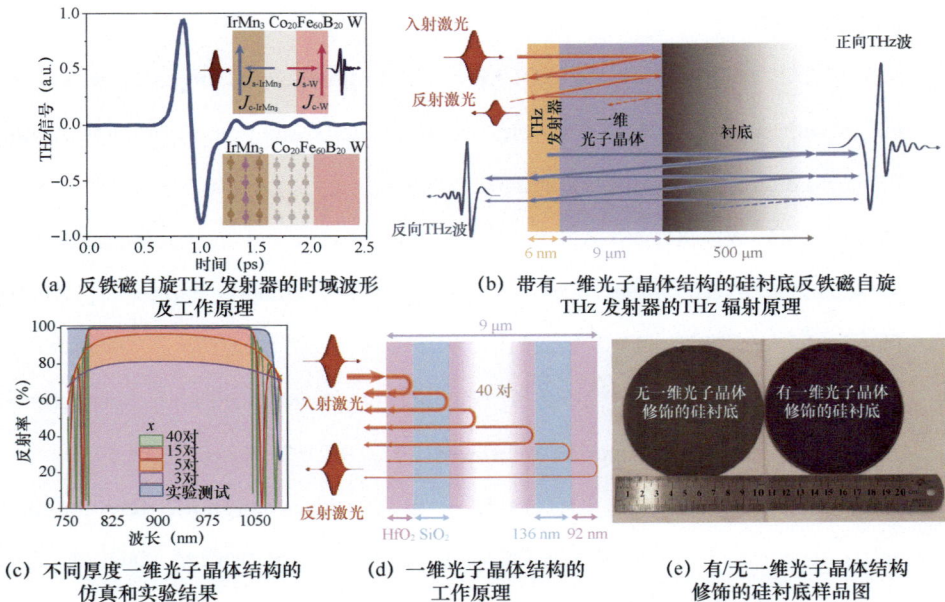

(a) 反铁磁自旋THz 发射器的时域波形
及工作原理

(b) 带有一维光子晶体结构的硅衬底反铁磁自旋
THz 发射器的THz 辐射原理

(c) 不同厚度一维光子晶体结构的
仿真和实验结果

(d) 一维光子晶体结构的
工作原理

(e) 有/无一维光子晶体结构
修饰的硅衬底样品图

图 7.12　反铁磁自旋 THz 发射器样品结构和辐射原理

7.4 本章小结

本章对铁磁材料、反铁磁材料等多种磁性材料及其异质结辐射 THz 波的机理与重要规律进行了介绍。产生 THz 波的核心在于超快激光脉冲驱动的飞秒退磁，并涉及逆自旋霍尔效应等多种微观机理。本章介绍的磁性薄膜已被业界广泛接受并作为新一代超宽带 THz 源被应用。新颖的 THz 辐射方法将为 THz 二维材料、纳米器件的研究奠定基础，并为 THz 辐射理论与实现方法的研究开辟全新且更加多元化的道路。

参考文献

[1] KAMPFRATH T, BATTIATO M, MALDONADO P, et al. Terahertz spin current pulses controlled by magnetic heterostructures[J]. Nature Nanotechnology, 2013, 8(4): 256-260.

[2] SEIFERT T, JAISWAL S, SAJADI M, et al. Ultrabroadband single-cycle terahertz pulses with peak fields of 300 kV·cm^{-1} from a metallic spintronic emitter[J]. Applied Physics Letters, 2017, 110(25): 252402.

[3] CHEN X H, WU X J, SHAN S Y, et al. Generation and manipulation of chiral broadband terahertz waves from cascade spintronic terahertz emitters[J]. Applied Physics Letters, 2019, 115(22): 221104.

[4] LIU S J, GUO F W, LI P Y, et al. Nanoplasmonic-enhanced spintronic terahertz emission[J]. Advanced Materials Interfaces, 2022, 9(2): 2101296.

[5] WU X J, WANG H C, LIU H J, et al. Antiferromagnetic–ferromagnetic heterostructure‐based field‐free terahertz emitters[J]. Advanced Materials, 2022, 34(42): 2204373.

[6]　LIU S J, REN Z J, CHEN P, et al. External-magnetic-field-free spintronic terahertz strong-field emitter[J]. Ultrafast Science, 2024, 4: 0060.

[7]　YANG Z H, LI J H, LIU S J, et al. One-dimensional photonic crystal structure enhanced external-magnetic-field-free spintronic terahertz high-field emitter[J]. Science and Technology of Advanced Materials, 2024, 26(1): 2478816.

第 8 章　激光 THz 发射显微镜

8.1　引言

前面重点介绍了基于不同材料的 THz 辐射技术。本章将介绍一种基于 THz 辐射的成像系统，即激光 THz 发射显微镜（Laser Terahertz Emission Microscope，LTEM）。

近年来，随着 THz 发射光谱技术的发展，THz 成像技术也得到了显著的发展。THz 脉冲作为一种可以安全使用的低能量激发光源，可以应用于从生物样品到工业产品等各种材料的多种无损检测场景。因此，THz 成像系统在近年来得到了广泛的关注和开发。THz-TDS 即其中一项成熟的成像技术，用于在时域中检测 THz 脉冲的电场，并保留所有光谱信息。THz-TDS 可以定量表征多种材料的内部特征，如半导体的掺杂情况，但由于存在衍射极限，THz-TDS 的空间分辨率有限，无法应用到微纳尺度。

与 THz-TDS 相比，采用 LTEM 可以获得更高的空间分辨率。LTEM 是一种多功能光谱成像方法，基于样品发射的近场 THz 脉冲来测量载流子的超快动力学或极化特性。LTEM 技术主要通过飞秒激光脉冲照射材料，通过材料内部载流子的产生和加速辐射 THz 脉冲，从而直接得到样品的 THz 辐射图像。因此，LTEM 的空间分辨率受入射光场的限制，而不受发射的 THz 脉冲波长的限制[1]。

目前，THz s-SNOM 可以将 LTEM 的空间分辨率提高 3 个数量级以达到纳米级[2]。THz s-SNOM 为近场成像和光谱学带来了深刻的变革，尖锐的金属针尖可以实现将入射光场进行局域场增强，并且通过参考针尖振荡频率的谐波进行锁相检测来进行显著的背景噪声抑制，从而用于纳米成像和光谱分析。基于 THz s-SNOM 已经实现了空间分辨率在 10 nm 以内的 THz 时域光谱及 THz 成像,它与 THz 发射光谱技术相结合,可以使 LTEM 成为研究纳米尺度物理现象及光生载流子超快动力学的有力工具[3]。

　　LTEM 已被用于对半导体、高温超导体、巨磁阻锰氧化物、多铁性材料等各种电子材料和器件,进行成像和光谱分析。举例来说,当它应用于超导体时,由于超导体的 THz 辐射振幅与超快光电流密度成正比,利用 LTEM 可以观察到超快光电流的分布。作为一项独特的应用,LTEM 为检测半导体集成电路中的电气故障提供了一种新的方式。因此,事实证明,LTEM 不仅是研究基础科学的潜在工具,更是研究工业应用的潜在工具[1]。

8.2　微米尺度激光 THz 发射显微镜

　　首先介绍我们所搭建的远场 LTEM 的系统结构及成像实例。远场 LTEM 系统基于一套 THz-TDS 系统搭建,首先由被显微物镜聚焦后的飞秒激光脉冲激发样品,并由 THz 成像系统收集样品发射的 THz 脉冲,通过对样品表面进行二维平面扫描来记录信号的二维图像。因此,LTEM 系统可用于任何受飞秒激光脉冲激发后会发射 THz 脉冲的材料。此外,由于图像的空间分辨率是由入射光场大小而不是 THz 脉冲波长决定的,因此我们通常可以获得亚微米甚至纳米分辨率的图像。

8.2.1　LTEM 基本原理

　　以常见的 THz 辐射材料为例,当材料受到飞秒激光脉冲激发时,多种机制导致的超快光电流或非线性效应会使材料发射 THz 脉冲。而 LTEM 正是通过激发局部光电流,从而给出 THz 电场 E 在材料表面的振幅。根据电动力学的经典公式,具体如下。

$$E \propto \frac{\partial J}{\partial t} \tag{8.1}$$

式中,E 为远场近似下的辐射电场,J 为光电流密度。半导体的 THz 辐射通常是由光学诱导的调制超快光电流引起的。在这种情况下，飞秒激光脉冲的引入会导致直接产生光生载流子，而光电流密度与载流子浓度及迁移率相关。因此，我们可以通过检测 THz 脉冲振幅来获取样品中亚皮秒时域内受激载流子的空间行为的局部信息。此外，由于 THz 脉冲振幅取决于局部光电流，当我们通过在样品上扫描飞秒激光脉冲来对样品进行成像时，发现空间分辨率只取决于入射光场的直径。

在传统的 THz 发射光谱系统中，经常使用 10 cm（直径）凸透镜对泵浦光进行聚焦。即将 10 cm 凸透镜放置在样品的前端，当激光分束后，泵浦光先经过凸透镜，再被准直聚焦到样品上发射出 THz 信号。要实现 LTEM 高分辨率成像，需要增强泵浦光的聚焦能力，因此我们使用显微物镜以实现更强的聚焦能力。

显微物镜作为一个复杂的光学系统，如何正确选择尤为重要。显微物镜的重要技术参数为数值孔径（Numerical Aperture，NA），它的大小由两个物理量决定，即

$$NA = n\sin(\mu/2) \tag{8.2}$$

n 表示显微物镜到被观察物体之间的空间介质的折射率，μ 表示显微物镜孔径角。数值孔径决定了分辨率以及光束的最大入射角度，本实验选择的是 25 倍显微物镜（数值孔径为 0.4），实物如图 8.1 所示。

图 8.1　25 倍显微物镜实物

为了表征显微物镜的聚焦能力，我们利用凸透镜作为参考，将其放置在系统中比较 THz 脉冲的产生情况。这里使用 10 cm 凸透镜以及放大倍数为 25 倍的显微物镜分别进行实验，它们被放置在 W / CoFeB / Pt 样品前，25 倍显微物镜的焦距为 4 mm，测量得到的 THz 信号对比如图 8.2 所示。

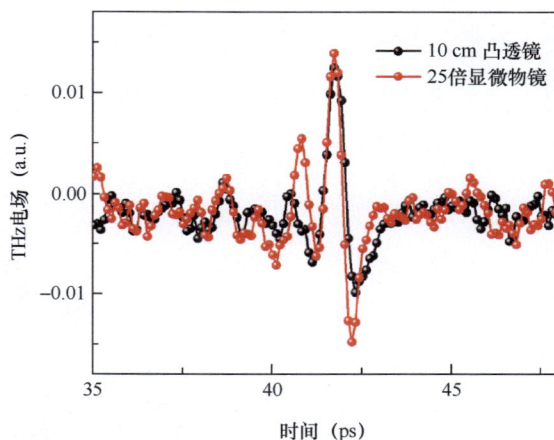

图 8.2　基于 10 cm 凸透镜与 25 倍显微物镜得到的 THz 信号对比

可以看到，基于 25 倍显微物镜得到的信号强度增加了 35%左右，说明使用显微物镜可以让信号具有较强的聚焦能力，体现了 LTEM 系统在激光聚焦能力方面的优良特性。

8.2.2　LTEM 系统结构

LTEM 系统的实现主要基于一套 THz-TDS 系统，具体来说，它主要由光纤飞秒激光器、延迟线、THz 探测天线以及光学元件等组成，光路及具体的实验装置如图 8.3 所示。光纤飞秒激光器的输出功率为 120 mW，中心波长为 780 nm，重复频率为 78 MHz，脉冲宽度为 130 fs。飞秒激光脉冲经过二分之一波片和偏振分光棱镜后被分成两束，分别为泵浦光及探测光。泵浦光经过一个反射镜及衰减片和斩波器后，聚焦到样品上，可在样品对应位置产生一个点光斑，激发样品产生 THz 辐射，样品搭载在一个可沿 x 轴、y 轴移动的三维平移台上（移动 z 轴用于调节焦距），产生的 THz 信号随后经过两个透镜聚焦在探测天线的一端。探测光则经过由 4 个反射镜组成的光学延时结构后，被一个透镜同时聚焦到探测天线的一端。探测光在探测天线的聚焦区域激发光生载流子，从而形成一个时间窗口，这个时间窗口是产生的光生载流子寿命的函数，一旦时间窗口内有 THz 电场出现，那么载流子在电场的驱动下会形成电流，只需要测量电流即可得到与之对应的 THz 电场，从而实现 THz 信号的探测。每移动一次 x 轴或者 y 轴，就会记录一次当前信号的二维坐标信息以及 THz 电场振幅信息，直至扫描完成。

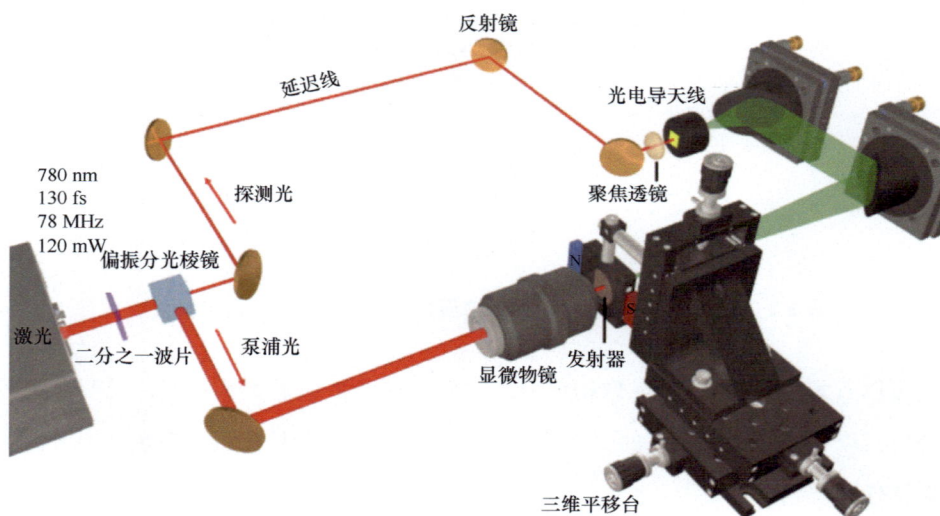

图 8.3　LTEM 系统光路及具体的实验装置

以一自旋 THz 发射器辐射纳米薄膜样品为例，根据得到的原始数据进行处理。将采样点的坐标位置和对应的锁相放大器输出的信号峰值进行一一对应，存至一个二维数组中。坐标位置为该数组的行值与列值，数组的函数值为该采样点所对应的锁相放大器输出的信号峰值。我们对该二维数组进行灰度化处理，测量位置处的信号峰值大小用颜色的深浅表示，峰值由大到小对应颜色由深到浅。如图 8.4 所示，采样点大小为 9×9，扫描点间距为 1 mm，则相应成像区域大小为 81 mm^2。逐点采集的每一个采样点在图像中都对应了一个像素点，每一点所产生的 THz 信号的峰值强度与图像中像素点的灰度值一一对应。这相当于对样品的离散采样，得到图 8.4 后可以分析出样品的细节信息，发现样品的不均匀性。

从图 8.4 可以看到，纳米薄膜样品存在着明显的不均匀性，相距 1 mm 的两个不同的点处发射的 THz 信号是完全不同的。上方样品分布较为均匀，产生的信号峰值相近，下方样品的不均匀性较为明显，产生信号的峰值最强的位置以及产生信号的峰值最弱的位置均位于下半部分，并且相邻 1 mm 的两个点产生的信号的峰值强度最多相差 30%。

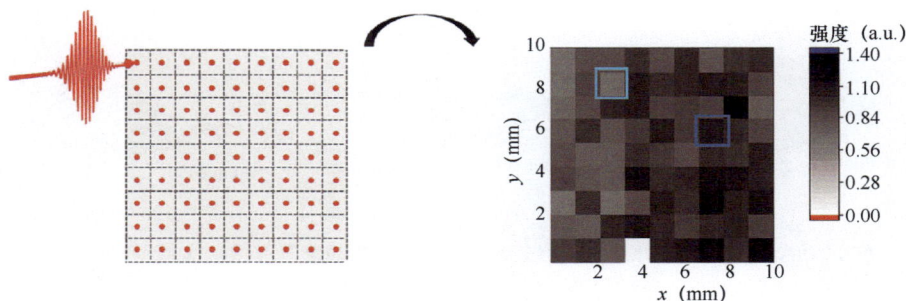

图 8.4　二维扫描示意图及得到的灰度图

8.2.3　LTEM 应用实例

近年来，表面等离激元技术成为超快光学领域研究的热点。在之前的实验中，我们将表面等离子体共振效应用到铁磁/非铁磁纳米异质结结构上。当激光与金纳米结构相互作用时，自由电子可以被激发振荡并形成表面等离激元效应，从而使得自旋 THz 发射器发射的 THz 信号增强。然而，分布不均衡的金纳米棒可能会影响局部 THz 辐射。为了进一步研究金纳米棒分布的不均匀性引起的 THz 辐射变化，我们使用 LTEM 对覆盖金纳米棒的原扫描区域进行扫描，如图 8.5 所示，并针对整个区域进行成像，与之前的结果进行比较。

我们对比同一区域在未覆盖金纳米棒和覆盖金纳米棒的情况下，利用 LTEM 成像的结果，再将两个结果相减可以得到金纳米棒的分布对 THz

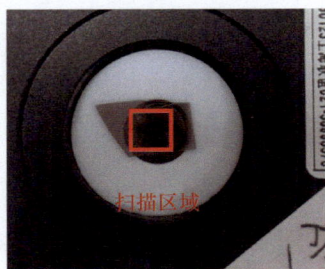

图 8.5　覆盖金纳米棒后的扫描区域

信号产生的影响，成像结果如图 8.6 所示。产生的 THz 信号的强度用不同颜色表示，从中可以明显观察到：覆盖金纳米棒的区域所产生的 THz 信号明显增强，但是每个位置的增强程度是不同的，可以发现两张图相减得到的金纳米棒分布对 THz 信号产生的影响，见图 8.6（c）。而 THz 信号的增强程度与金纳米棒的数目、密度息息相关，因此，依据 LTEM 成像就可以倒推出金纳米棒的分布情况，也就是可利用该技术检测金纳米棒的分布，并且与未覆盖金纳米棒的区域相比，可以明显地观察到覆盖金纳米棒区域的边界。

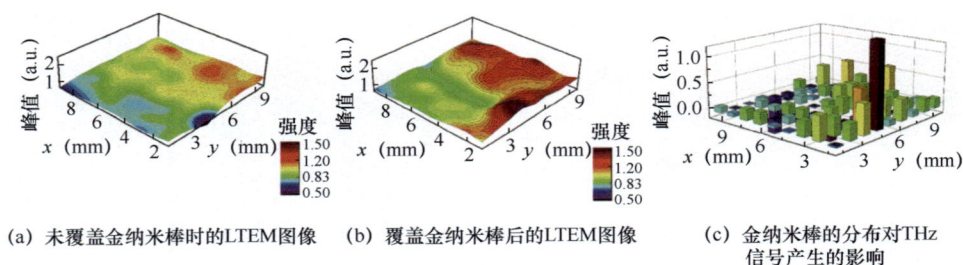

(a) 未覆盖金纳米棒时的LTEM图像　(b) 覆盖金纳米棒后的LTEM图像　(c) 金纳米棒的分布对THz
　　　　　　　　　　　　　　　　　　　　　　　　　　　　　　　　信号产生的影响

图 8.6　LTEM 基于金纳米棒分布的成像结果

通过这一研究，我们实现了通过 THz 发射光谱进一步提高自旋 THz 辐射效率。在泵浦光能量固定的情况下，我们通过 25 倍显微物镜的紧聚焦作用来增大注入发射材料的激光密度，获得的信号强度是传统 10 cm 凸透镜聚焦信号的 1.35 倍。在此基础上，通过绘制与样品位置相关的 THz 信号，探讨了样品不均匀性对 THz 辐射的影响。这种不均匀性会导致出现约 30%的辐射效率波动。采用金纳米棒等离激元的方法可以更进一步提高 THz 辐射效率。如果将以上方法结合，可以将 THz 辐射效率提高两倍。这将有助于进一步了解飞秒激光脉冲与磁性材料之间的局域相互作用机制，提高自旋 THz 器件的实用性。

至此，我们介绍了基于 THz-TDS 系统搭建的远场 LTEM 系统，通过飞秒激光脉冲激发样品，利用显微物镜替代传统凸透镜聚焦泵浦光，显著提升了聚焦能力，使 W / CoFeB / Pt 样品发射的 THz 信号增强。综上所述，微米尺度 LTEM 不仅能够有效探测样品的微观特性，在研究样品不均匀性以及表面等离激元等相关现象方面发挥了重要作用，而且为提升自旋 THz 器件的实用性提供了有效手段，加深了我们对飞秒激光脉冲与磁性材料之间的局域相互作用机制的理解，展现出其在基础科学研究和工业应用领域的巨大潜力。

8.3　激光 THz 发射纳米显微镜

若要将 LTEM 的空间分辨率提升至纳米级，可以通过引入针尖来进一步约束入射光场。同时，由于利用针尖探测到的是物体表面近场范围内的光场分布信息，不受衍射极限限制，因此可以实现更高的空间分辨率，这就是本节所介绍的激光 THz 发射纳米显微镜（Laser Terahertz Emission Nanoscope，LTEN）。后面将以我们所使用的 LTEN 系统为例进行介绍。

8.3.1　LTEN 系统

图 8.7 所示为我们采用的 LTEN 系统（超快 THz s-SNOM，德国 neaspec 公司生产）的部分光路及自旋发射原理[4]。硬件部分主要包括一台光纤飞秒激光器，输出激光脉冲的中心波长为 1560 nm，脉冲宽度为 70 fs，重复频率为 100 MHz。从激光器出来的飞秒激光脉冲被分成两路：一路是自由空间的光，经过倍频器输出中心波长为 780 nm 的激光脉冲，即用于激发 THz 辐射的泵浦光；另外一路通过光纤耦合到 THz 光电导天线探测器，用于接收样品发射的 THz 信号，进行超快时间分辨探测，实现 THz 发射光谱测量功能。

基于 LTEN 可以进行 THz 发射光谱测量，核心工作原理如下。首先，泵浦光以 36° 入射角斜入射到针尖上，偏振方向也与针尖呈 36° 夹角。由于针尖的近场增强效应，泵浦光在针尖与样品表面间会实现极高的局域场增强，激发样品发射 THz 脉冲。当针尖靠近样品上表面的时候，一方面针尖与产生的 THz 脉冲之间实现近场增强，另一方面针尖散射 THz 信号。要想探测到散射的近场 THz 信号，需要给针尖加一个调制频率，使信号与针尖耦合，我们采用的调制频率为 37 kHz。在 THz 光电导天线探测器上，通过检测被调制的 THz 高阶信号，可以实现从大背景信号中探测微弱信号的检测功能。

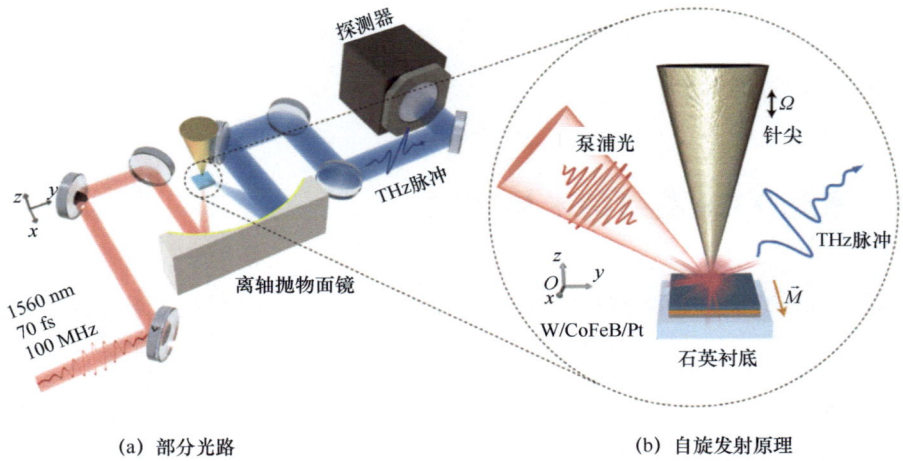

(a) 部分光路   (b) 自旋发射原理

图 8.7   LTEN 系统示意

8.3.2   近场系统分析模型

为了提取与针尖耦合的 THz 散射信号，目前已经建立了许多分析模型来描述针尖-样品近场系统，用于分析描述针尖、样品和入射光场之间的近场相互作用。常见的有限偶极子模型（Finite Dipole Model，FDM）[5-6]将 AFM 探针建模为一个完美导电的椭球体，它的曲率半径为 r_{tip}，半长轴长度为 L_{tip}，图 8.8 给出了 FDM 的示意。通过准静态近似，可以将针尖在远场光下的响应等效为在强度为 E_{tip} 的垂直静态电场下的响应。

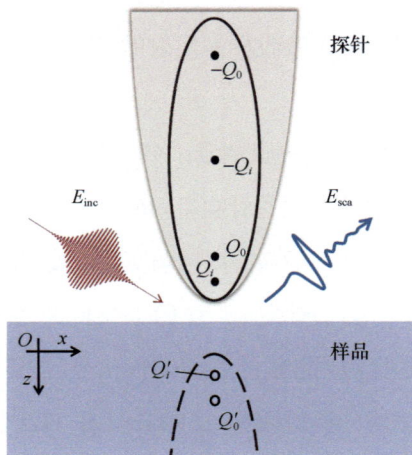

图 8.8   FDM 示意

在没有样品的情况下，椭球体周围的电场可以近似为由位于椭球体两端距离为 z_{Q_0} 的两个电荷 $\pm Q_0$ 形成的偶极子，其中

$$z_{Q_0} \approx \frac{1.31 L_{\text{tip}} r_{\text{tip}}}{L_{\text{tip}} + 2r_{\text{tip}}} \tag{8.3}$$

该偶极子的强度 p_0 由式（8.4）给出。

$$
\begin{aligned}
p_0 &= 2\left(L_{\text{tip}} - z_{Q_0}\right) Q_0 \\
&\approx 2L_{\text{tip}} Q_0 \quad \left(r_{\text{tip}} \ll L_{\text{tip}}\right)
\end{aligned}
\tag{8.4}
$$

当针尖靠近样品表面时，由于电荷 $-Q_0$ 距离样品较远，假设只有电荷 Q_0 与样品发生相互作用，然后可以使用镜像电荷法对针尖-样品相互作用进行建模。

样品对电荷 Q_0 的响应可以用界面下方的镜像电荷 Q'_0 来建模。对于块状样品，该电荷大小由准静态反射系数 β 决定，即

$$Q'_0 = \beta Q_0 \tag{8.5}$$

β 的值可以由环境和基底的介电常数 ε_{env} 和 ε_{sub} 给出，即

$$\beta = \frac{\varepsilon_{\text{env}} - \varepsilon_{\text{sub}}}{\varepsilon_{\text{env}} + \varepsilon_{\text{sub}}} \tag{8.6}$$

该镜像电荷也会对针尖产生反作用，我们用位于探针末端距离 $z_{Q_1} = r_{\text{tip}}/2$ 处的额外电荷 Q_1 来模拟。Q_1 有其自身的镜像电荷 Q'_1，为了满足电荷守恒，必须在探针中心添加一个反电荷 $-Q_1$。通过考虑 Q_0 和 Q_1 对总极化的贡献，可以求出 Q_1 的值，即

$$Q_1 = \beta\left(f_0^{(B)} Q_0 + f_1^{(B)} Q_1\right) \tag{8.7}$$

这里的 $f_i^{(B)}(i = 0,1)$ 是封装了系统几何形状的函数，由下式给出。

$$f_i^{(B)} = \left(g - \frac{r_{\text{tip}} + 2h + z_{Q_i}}{2L_{\text{tip}}}\right) \frac{\ln\left(\dfrac{4L_{\text{tip}}}{r_{\text{tip}} + 4h + 2z_{Q_i}}\right)}{\ln\left(\dfrac{4L_{\text{tip}}}{r_{\text{tip}}}\right)} \tag{8.8}$$

式中的 h 是针尖与样品间的距离，g 是一个无量纲的加权因子，用于调整参与针尖-

样品相互作用的总电荷的比例，通常设 $g = 0.7\mathrm{e}^{0.06i}$。

电荷 Q_1 和 $-Q_1$ 形成另一个偶极子，其强度

$$p_1 = \left(L_{\mathrm{tip}} - z_{Q_1}\right)Q_1$$

$$\approx L_{\mathrm{tip}}Q_1 \qquad \left(r_{\mathrm{tip}} \ll L_{\mathrm{tip}}\right) \tag{8.9}$$

然后可以通过总感应偶极子求出有效极化率

$$\alpha_{\mathrm{eff}} = \frac{p_0 + p_1}{E_{\mathrm{inc}}}$$

$$\approx 2L_{\mathrm{tip}}\frac{Q_0}{E_{\mathrm{inc}}}\left[1 + \frac{f_0^{(B)}\beta}{2\left(1 - f_1^{(B)}\beta\right)}\right] \tag{8.10}$$

这里的比例常数可以忽略，因为它取决于未量化的 $\dfrac{Q_0}{E_{\mathrm{inc}}}$，最终结果为

$$\alpha_{\mathrm{eff}} \propto 1 + \frac{f_0^{(B)}\beta}{2\left(1 - f_1^{(B)}\beta\right)} \tag{8.11}$$

为了得到散射场的最终表达式，我们必须考虑到，在实验情况下，探针直接受到入射光场（E_{inc}）的照射，也受到因入射光场在样品表面反射而产生的间接照射。此外，散射场也会在样品表面发生反射。为简单起见，我们假设平面波照射和背向散射的方向相同。虽然入射光场可能有 x 方向和 z 方向两个分量，但由于探针的强去极化作用，可以忽略 x 分量，只考虑入射光场的 z 分量，正如模型中所假设的那样。根据这一假设，我们可以将探针散射的电场写作

$$E_{\mathrm{sca}} \propto \left(1 + r_p\right)^2 \alpha_{\mathrm{eff}} E_{\mathrm{inc}} \tag{8.12}$$

式中，r_p 是 p 偏振激光的菲涅耳反射系数。

8.3.3　高阶信号提取原理

在实验中，分辨率会因探针轴的背景散射而降低，远场背景散射信号不携

带任何局部信息，且强度远远超过近场的针尖信号。通常通过对针尖与样品间的距离进行调制来解决这一问题，由于小距离的局域场增强，该调制主要影响针尖信号。

远场背景散射信号具有两种来源：一部分由针尖表面散射，该部分信号随针尖与样品间的距离 h 线性调制；另一部分由样品表面散射，与针尖振荡无关，只影响信号的幅值。因此，远场背景散射信号只包含在散射信号的一阶信号中。而对于近场散射信号，由于针尖与样品间的相互作用，散射信号随针尖振荡非线性调制，因此可提取出二阶以上的高阶谐波信号。根据 8.3.2 节可知，α_{eff} 与针尖到样品的距离 h 有关。针尖以固有频率 $\varOmega$ 振荡，因此可将 α_{eff} 以傅里叶级数形式展开，见下式。

$$\alpha_{\text{eff}} = F_0 + F_1 \mathrm{e}^{\mathrm{j}\varOmega t} + F_2 \mathrm{e}^{\mathrm{j}2\varOmega t} + \cdots = \sum_{n=-\infty}^{\infty} F_n \mathrm{e}^{\mathrm{j}n\varOmega t} \qquad (8.13)$$

$$F_n = \left| F_n \right| \mathrm{e}^{\mathrm{j}\varphi_n} \qquad (8.14)$$

同时，由式（8.12）可知，E_{sca} 与 α_{eff} 成正比，E_{sca} 同样可以按照傅里叶级数形式展开，从而得到 E_{sca} 的各阶信号。

$$E_{\text{sca}} \propto \sum_{n=-\infty}^{\infty} \left| F_n \right| \left(1 + r_p \right)^2 E_{\text{inc}} \mathrm{e}^{\mathrm{j}n\varOmega t + \mathrm{j}\varphi_n} \qquad (8.15)$$

因此，通过该调制解调原理提取出散射信号的高阶谐波，即可消除背景散射的影响。对于具有 100 nm 或更大尺寸特征的样品，通常选择二阶或三阶谐波便可以充分抑制背景干扰。虽然绝对散射信号强度在高阶谐波处有所下降，但空间分辨率和图像对比度都实现了提高。

8.3.4　应用实例

为了实现以纳米级空间分辨率发射 THz 信号的可行性，我们使用 LTEN 对 W/CoFeB/Pt 异质结结构产生的 THz 辐射进行量化实验[4]。图 8.9 所示为通过 LTEN 获得的 THz 时域波形。图中拟合的针尖振荡频率的二阶谐波解调信号（深红线）与实验数据（浅红线）相似，且与远场 THz 发射显微镜获得的 THz 时域波形极为相似。我们还测量了 LTEN 信号与泵浦光偏振角度的关系，如图 8.9（a）插图所示。当泵浦光偏振方向从垂直方向（平行于针尖）旋转到水平方向时，LTEN 信号呈下降趋势，这表明针尖处存在泵浦光的近场增强效应。然而，当泵浦光偏振方向改变时，LTEN 信号变化的幅度小于 20%，这表明宏观 THz 偶极子与针尖的耦合是检测到 LTEN 信号的主要原因。

图 8.9（b）所示为对应二阶时域波形的频谱，由于光电导天线的带宽受限，且由于 LTEN 暴露在空气中，可看到水蒸气的吸收峰。此外，如图 8.9（c）所示，检测到的三阶、四阶和五阶时域波形证明信噪比足够大。基于这些实验结果，我们成功识别出可从 W / CoFeB / Pt 异质结结构中以纳米级空间分辨率激发的 THz 信号。

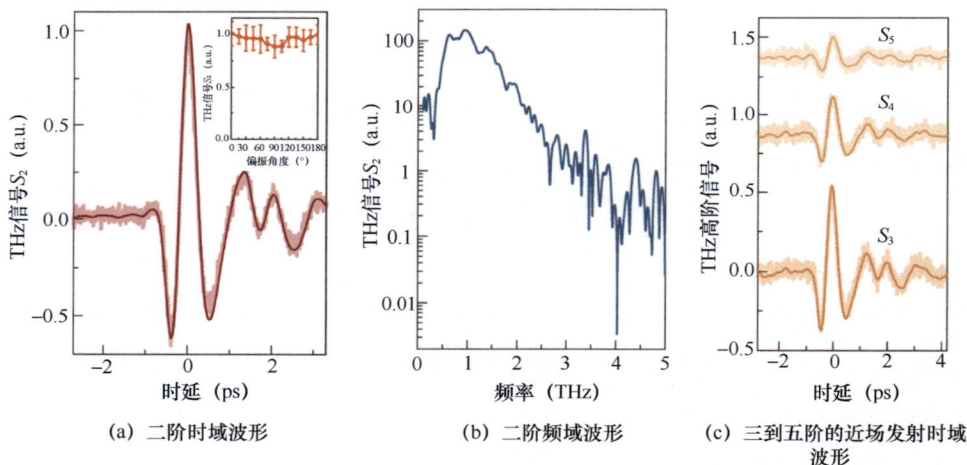

(a) 二阶时域波形　　　　(b) 二阶频域波形　　　　(c) 三到五阶的近场发射时域波形

图 8.9　飞秒激光脉冲泵浦下的纳米尺度 W / CoFeB / Pt 异质结结构产生的 THz 辐射

为了测试 LTEN 在评估自旋电子异质结结构质量方面的有效性，我们选择 W / CoFeB / Pt 边缘的一个特定片段进行测量。在 LTEN 中对样品中的 3 个不同厚度位置（P1、P2 和 P3）进行测量，如图 8.10（a）所示。图 8.10（b）所示为 THz s-SNOM 及 LTEN 的空间分辨率表征曲线。具体而言，评估了峰值辐射信号和峰值散射信号与针尖和样品表面之间距离 z 的关系。在这两种情况下，都检测到峰值信号呈指数下降，表明存在强近场限制。我们利用 1/e 衰减宽度评估了针尖顶点附近纳米级场的限制情况。对于 THz 散射信号，1/e 衰减宽度为 68 nm，而对于自旋 THz 辐射信号，衰减宽度为 56 nm。这一指标表明 LTEN 比 THz s-SNOM 具有更高的空间分辨率。

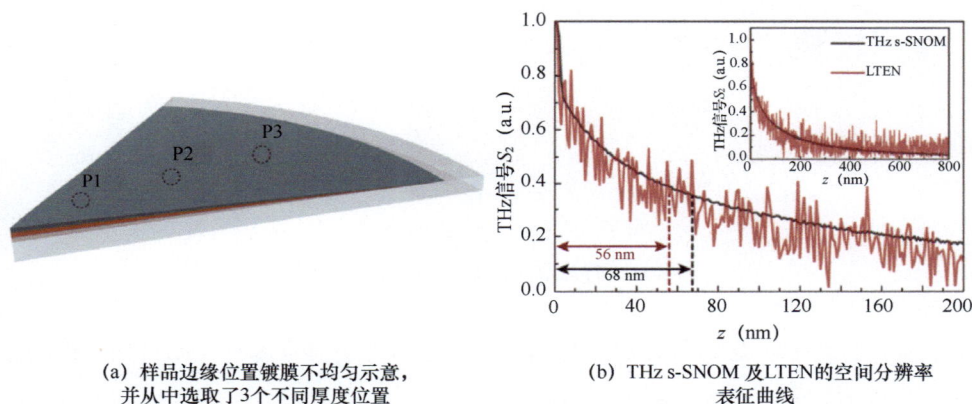

(a) 样品边缘位置镀膜不均匀示意，并从中选取了3个不同厚度位置

(b) THz s-SNOM 及LTEN的空间分辨率表征曲线

图 8.10　基于 LTEN 的自旋电子异质结结构质量评估

图 8.11（a）和图 8.11（b）分别展示了不同位置处的表面形貌和 THz 信号表征。在磁控溅射的背景下，随着位置逐渐靠近边缘，P1、P2 和 P3 处的厚度逐渐减小。在形貌方面，16 nm 的平均厚度差使得实验上能够区分这 3 个不同位置。与近场 THz 发射光谱成像类似，3 个位置处辐射的 THz 电场的平均变化使我们能够快速区分 3 个位置。需要强调的是，异质结结构中的溅射膜厚为 6 nm，这一数值明显小于利用 AFM 测量得到的值。形貌图像中的不规则性可归因于样品的倾斜取向和基底表面的不平整。这表明仅基于 AFM 形貌评估异质结结构的质量可能具有挑战。相反，LTEN 指标通过直接反映自旋电子性能，为自旋电子异质结结构的质量评估提供了准确指标。因此，LTEN 有潜力作为纳米级自旋电子器件检测的有效工具。

(a) P1～P3位置处的表面形貌

(b) P1～P3位置处的THz信号表征

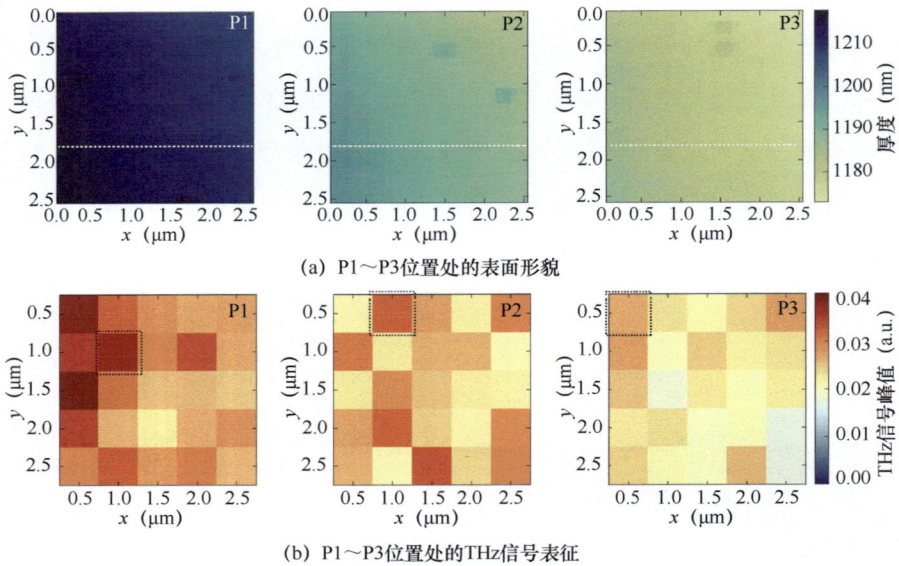

图 8.11　样品表面形貌和 THz 信号表征

　　基于自旋 THz 辐射的超表面样品在远场已被证明具有多种调制特性。通过改变纳米薄膜的堆叠顺序，纳米薄膜中自旋流的方向可以实现完全反向，这进一步使 THz 脉冲之间产生 180° 的相位差。考虑到这一点，通过适当设计超表面图案，可以调整 THz 辐射角度和聚焦状态。在这里，我们对聚焦环形样品进行了实验，并对其 AFM 形貌、THz 散射信号强度映射以及纳米尺度的发射光谱性能进行了表征和分析[7]。

　　图 8.12 展示了超表面样品的表面信息。首先，图 8.12（a）所示为样品的完整光学照片。样品表面呈环形超表面结构排列，其中深色区域为 Pt/CoFeB/W，顶层为 Pt；浅色区域为 W/CoFeB/Pt，顶层为 W。这是因为 W 更容易被氧化，在没有覆盖层时，会因氧化而变色。我们选择图 8.12（a）中的灰色方形区域进行光学显微镜下的进一步表征，如图 8.12（b）所示，可以看到更详细的样品表面信息。宏观上，该结构呈环形，但放大到微米尺度时，边缘呈现锯齿状。我们选择样品边界区域之一进行放大，得到的 AFM 形貌如图 8.12（c）所示。由于样品本身具有不规则性，从图中可以看到几个明显的凸起，这可能是样品制备过程中留下的缺陷或落在样品表面的灰尘。AFM 形貌结果可分为 3 个区域，厚度最薄的蓝色区域

为顶层的 Pt 层，厚度最厚的红色区域为顶层的 W 层，中间的白色区域为两层堆叠的部分。实验结果表明，由于 W 更易氧化，W 层比 Pt 层更厚。

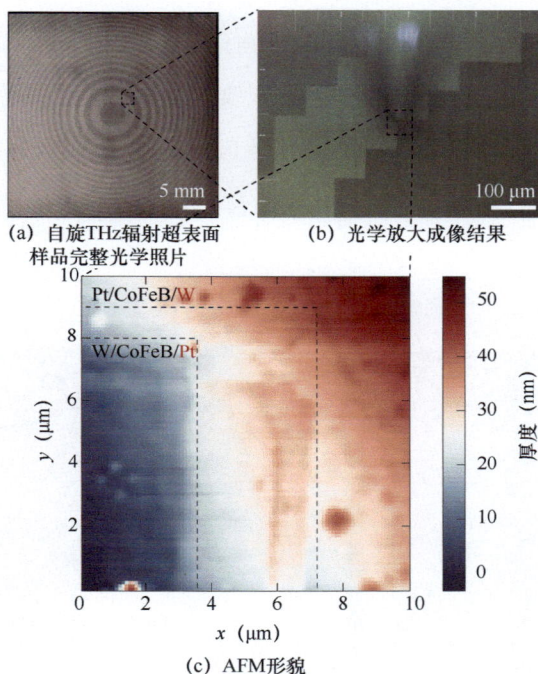

(a) 自旋THz辐射超表面
样品完整光学照片

(b) 光学放大成像结果

(c) AFM形貌

图 8.12　超表面样品表征

此外，我们使用 THz s-SNOM 的 THz-TDS 功能对图 8.12（b）中的样品边缘进行了表征。然而测量结果显示，THz 信号的峰值随位置变化不大。到目前为止，实验表明 AFM 断层扫描和传统的 THz 散射测量都无法区分超表面样品中的不同结构。

LTEN 可能更有机会做到这一点。为了进一步探索使用 LTEN 区分超表面样品上 W / CoFeB / Pt 和 Pt / CoFeB / W 的可行性，我们进行了 THz 辐射测量。结果显示，在这种超表面材料中，由于 Pt / CoFeB / W 和 W / CoFeB / Pt 样品的堆叠顺序不一致，在这两种样品中获得了极性反转的不同散射信号。

基于此，我们对该区域进行了 THz 辐射振幅扫描，得到的结果如图 8.13（a）所示。由于软件限制，我们直接测量的信号振幅均为正值，对于电场方向为正或负的样品，无法看到它们之间明显的信号差异，只能区分样品重叠位置没有明显辐射信号的区域。虽然目前的实验结果仅表明 THz 辐射振幅信息在一定程度上可以区分，但 LTEN 可能成为表征超表面材料的重要方法。我们发现图 8.13（b）所示的相位谱可以直观地显示信号发生了极化反转。为了提取准确的 THz 辐射信息，我们选择图 8.13（a）中黄色框内区域，在每个泵浦时延扫描完整的时域波形。通过处理大量数据得到实际峰值，并将归一化数据绘制在图 8.14 中。在图 8.14 中，我们可以很容易地区分绿色的 W / CoFeB / Pt 区域和棕色的 Pt / CoFeB / W 区域。这些结果表明，LTEN 是表征自旋 THz 辐射样品的可靠且强大的工具。

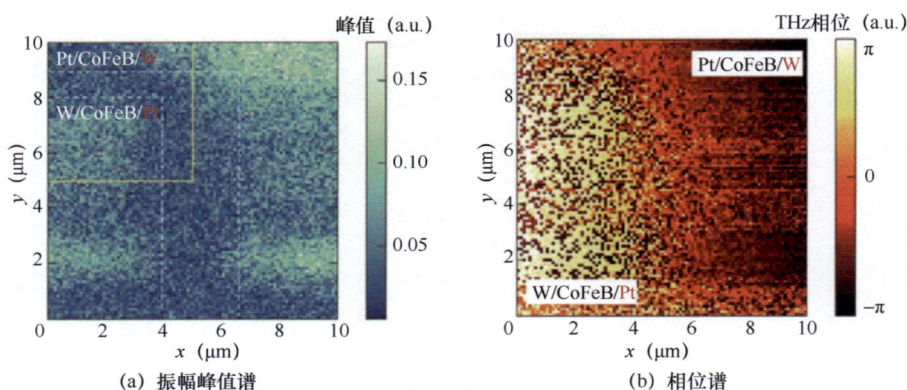

(a) 振幅峰值谱　　　　　　　　　　　　　　　(b) 相位谱

图 8.13　样品表面的 THz 信号

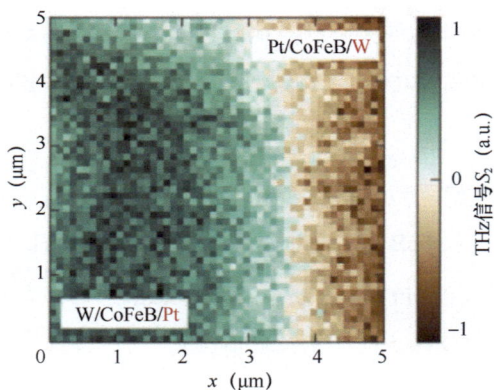

图 8.14　归一化 THz 信号

8.4　本章小结

本章围绕 LTEM 展开，详细介绍了远场和近场 LTEM 技术，展示了其在材料研究与分析领域的重要作用与广阔应用前景。在微米尺度上，我们搭建的远场 LTEM 系统基于 THz-TDS 系统，采用显微物镜聚焦泵浦光，增强了聚焦效果，使得样品辐射的 THz 信号得以增强。通过对样品表面的二维平面扫描，成功获取到样品的微观特征信息，如纳米薄膜样品的不均匀性清晰可见。同时，将 LTEM 应用于表面等离激元研究，利用 LTEM 成像对比，能够根据 THz 信号变化推断金纳米棒的分布情况，并结合多种方法，显著提高了 THz 辐射效率，加深了对飞秒激光脉冲与磁性材料之间的局域相互作用机制的理解。对于纳米尺度的近场，LTEN 通过引入针尖约束入射光场，突破了衍射极限。借助有限偶极子模型等理论分析方法，以及独特的高阶信号提取原理，实现了从大背景信号中提取微弱近场信号，有效提升了空间分辨率和图像对比度。实际应用中，LTEN 不仅成功识别出异质结结构中的纳米级 THz 信号，展现出比 THz s-SNOM 更高的空间分辨率，还能够区分用传统手段难以分辨的超表面材料。总体而言，微纳尺度的 LTEM 技术无论是在近场还是远场，都可以为材料研究提供全新的视角和有力的分析手段。LTEM 能够对材料的微观结构、载流子动力学以及表面特性等进行深入探究，在半导体、自旋电子学等众多领域具有不可替代的作用。

参考文献

[1] MURAKAMI H, TONOUCHI M. Laser terahertz emission microscopy[J].Comptes Rendus Physique, 2008, 9(2): 169-183.

[2] CAI J H, DAI M C, CHEN S, et al. Terahertz spin currents resolved with nanometer spatial resolution[J]. Applied Physics Reviews, 2023, 10(4): 041414.

[3] DAI M C, CAI J H, REN Z J, et al. Spintronic terahertz metasurface emission characterized by scanning near-field nanoscopy[J]. Nanophotonics, 2024, 13(8):

1493-1502.

[4] CVITKOVIC A, OCELIC N, HILLENBRAND R. Analytical model for quantitative prediction of material contrasts in scattering-type near-field optical microscopy[J]. Optics Express, 2007, 15(14): 8550.

[5] KLARSKOV P, KIM H, COLVIN V L, et al. Nanoscale laser terahertz emission microscopy[J]. ACS Photonics, 2017, 4(11): 2676-2680.

[6] HAUER B, ENGELHARDT A P, TAUBNER T. Analytical model for scattering infrared near-field microscopy on layered systems[J]. Optics Express, 2012, 20(12): 13173.

[7] PIZZUTO A, MITTLEMAN D M, KLARSKOV P. Laser THz emission nanoscopy and THz nanoscopy[J]. Optics Express, 2020, 28(13): 18778.